Adel Abdel-Latif

Quick & DIRTY

Für Alif und Soraya

Adel Abdel-Latif

Quick & DIRTY

Die geheimen Strategien und Taktiken des
Verhandlungsprofis

REDLINE | VERLAG

Bibliografische Information der Deutschen Nationalbibliothek:
Die Deutsche Nationalbibliothek verzeichnet diese Publikation in der Deutschen Nationalbibliografie. Detaillierte bibliografische Daten sind im Internet über **http://d-nb.de** abrufbar.

Für Fragen und Anregungen:
lektorat@redline-verlag.de

4. Auflage 2016

© 2015 by Redline Verlag, ein Imprint der Münchner Verlagsgruppe GmbH,
Nymphenburger Straße 86
D-80636 München
Tel.: 089 651285-0
Fax: 089 652096

Redaktion: Bärbel Knill, Landsberg am Lech
Umschlaggestaltung: Melanie Melzer, München
Umschlagabbildung: © Dr. Adel Abdel-Latif
Satz: inpunkt[w]o, Haiger
Druck: Konrad Triltsch GmbH, Ochsenfurt
Printed in Germany

ISBN Print 978-3-86881-608-2
ISBN E-Book (PDF) 978-3-86414-763-0
ISBN E-Book (EPUB, Mobi) 978-3-86414-762-3

Weitere Informationen zum Verlag finden sie unter
www.redline-verlag.de

Inhalt

Vorwort

Glauben Sie wirklich nach wie vor an das Märchen der »Win-win«-Vereinbarung in harten und schwierigen Verhandlungsprozessen?

Wenn ja, sollten Sie dieses Buch schnell beiseitelegen und Ihre Wattebäusche für die nächste anstehende Verhandlung sorgfältig sortieren, zurechtknäueln und unter den Klängen samtweicher Musik mit feinsten Pinselstrichen zartrosa anmalen.

Ich bin einer der wenigen weltweit existierenden **Ghost Negotiator**. Mein Job ist es, für meine zahlreichen Mandanten aus den Bereichen Wirtschaft, Politik, Medizin, Rechtswissenschaften und Medien diskret aus dem Hintergrund, für die Gegenseite unsichtbar, Verhandlungsprozesse zu steuern und mit allen Mitteln zu gewinnen.

Erwarten Sie bitte nicht, dass ich Ihnen in diesem Buch Weisheiten für zartbesaitete Alltagsgenossen mit auf den Weg geben werde. Es geht nicht um »fair« oder »unfair«, um »richtig« oder »falsch«. Hier geht es lediglich darum, **wie Sie jede noch so schwierige Verhandlung konsequent gewin-**

nen können, auch wenn ihr Gegenüber unfair spielt, sich nicht an Vereinbarungen hält und sich mit Händen und Füßen gegen Sie wehrt!

Während meiner Tätigkeit als Ghost Negotiator habe ich unzählige Situationen erlebt, in denen die ursprünglich nahezu als heilig gepriesene »Win-win«-Einstellung plötzlich von allen anwesenden Verhandlungsparteien schlagartig über den Haufen geworfen wurde und Manipulation, Druck und weitere »dirty« Tricks an den Verhandlungstisch gebracht wurden. Merken Sie sich bitte unbedingt Folgendes: In solch harten Verhandlungen entsteht das »Win-win-Feeling« lediglich im Kopf des Verlierers, damit sich dieser nach seiner Verhandlungsschlappe nicht ganz so mies und gedemütigt fühlt.

Als Weltmeister im Kickboxen wurde mir schon in frühen Jahren bewusst, dass es immer einen Gewinner und einen Verlierer gibt, selbst wenn der Kampf als unentschieden gewertet wurde. Eine Partei gewinnt an Ehre, Ruhm, Prestige oder aber definitiv an der potenziellen Börse, die andere Partei verliert diese Punkte in irgendeiner Form. Ein Song, der diesen Aspekt in seiner ganzen Wahrheit und Härte beleuchtet ist der Welthit der Gruppe ABBA, »The Winner Takes it All«, den Sie sicherlich alle bestens kennen. Ich empfehle Ihnen, sich das aufschlussreiche Lied unter den genannten Aspekten noch einmal Wort für Wort in aller Ruhe anzuhören und darüber nachzudenken.

Selbstverständlich versuchen wir uns als ehrbare Geschäftsleute stets fair und anständig zu verhalten – solange dies unser Verhandlungspartner auch tut. Sollte sich dieser jedoch wider Erwarten nicht an unsere vorgelebten Anstandsregeln halten, sind Sie nach der Lektüre dieses Buches definitiv gewappnet, Ihre Verhandlungsinteressen auch unter dieser Sichtweise konsequent durchzusetzen – sehr konsequent sogar!

In diesem Buch werden Sie lernen, wie Sie teilweise anhand kriminalistischer Methoden Ihren Verhandlungspartner analysieren, Ihr Verhandlungsteam aufstellen, wie Sie sich die wichtigen und vor allem richtigen Informationen beschaffen, wem Sie vertrauen können und misstrauen müssen und wie Sie, falls nötig, den letzten Widerstand Ihres Gegners brechen können, um ihn im entscheidenden Moment cool und eiskalt auszuknocken. Ich garantiere Ihnen, dass Sie nach der Lektüre dieses Buches mit der richtigen Portion Selbstbewusstsein, der notwendigen Einstellung und vor allem mit viel Können und Know-how ausgestattet sind und ab sofort zu den unangefochtenen Verhandlungssiegern gehören werden.

Praktisch alle Verhandlungsprinzipien habe ich aus meiner jahrzehntelangen Kampfsporterfahrung gewonnen und in verschiedene, eigens erfolgreich erprobte und perfektionierte Businessmodelle verarbeitet, die ich heute in meinen Bestseller-Seminaren an erfahrene Führungskräfte weitergebe.

So ist dieses Buch auch zu lesen. Die Thematik jedes Kapitels wird anhand einer konkreten Situation aus meiner aktiven Wettkampfzeit als Kickboxer (**Ring**) veranschaulicht.

Die daraus folgenden Prinzipien und Erkenntnisse werden danach im **Business**-Kontext ausgearbeitet und für Sie so lern- und sofort anwendbar gemacht.

In einigen Kapiteln habe ich Ihnen **Praxisbeispiele** aus meiner täglichen Tätigkeit als Ghost Negotiator niedergeschrieben, damit Sie einige meiner erwähnten Prinzipien und Techniken in der direkten Anwendung erkennen und nachvollziehen können. Die in diesem Zusammenhang erwähnten Verhandlungsfälle wurden so anonymisiert, dass keinerlei Rückschlüsse auf meine Mandanten und die tatsächlichen Fälle gemacht werden können. Namensähnlichkeiten sind rein zufällig.

Am Ende jedes einzelnen Kapitels können Sie anhand einiger **Testfragen** das Gelernte repetieren, vertiefen und somit verinnerlichen – denn nur so ist das Gelernte in einer entsprechenden Situation auch im richtigen Moment abrufbar. Eingestreute **Hinweise** und **Persönliche Tipps** sollen Ihnen außerdem helfen, einige Insiderinformationen zum jeweiligen Kapitel in Ihren Verhandlungsalltag einzubauen.

Nun wünsche ich Ihnen viel Spaß bei der Lektüre dieses Buches, das Ihre Verhandlungskompetenz und Souveränität entscheidend verändern wird – garantiert!

Ihr

Dr. med. Adel Abdel-Latif, MBA
CEO Akademie für Verhandlungsführung

Informations-beschaffung

Die systematische Analyse Ihres Verhandlungspartners ist von entscheidender Wichtigkeit.

Ich habe während meiner zahlreichen nationalen und internationalen Beratungstätigkeiten die Erfahrung gemacht, dass wir nie nur um eine Sache verhandeln, sondern dass wir vor allem mit Menschen verhandeln. Menschen haben verschiedene Eigenschaften, Charaktere, Verhaltensmuster, kulturelle Einflüsse, Positionen und vor allem individuelle Motive, denen besondere Beachtung geschenkt werden muss. Ein fataler Fehler wäre es, wenn Sie sich nur um die zu diskutierenden Verhandlungspunkte (Positionen) und nicht näher um Ihr Gegenüber kümmern.

Mit einer gezielten und strukturierten Informationsbeschaffung erfahren Sie, wie Ihr Verhandlungspartner funktioniert, wie er tickt und bestenfalls sogar, wann er austickt. Mit diesem Wissen können Sie sowohl seine Stärken als auch seine Schwächen zu Ihrem eigenen Vorteil nutzen und gerade in schwierigen Verhandlungssituationen Ihre Kompetenz und Souveränität unter Beweis stellen.

In meiner Tätigkeit als Ghost Negotiator plane ich jeweils genügend Zeitreserven in die Informationsbeschaffung über mein Gegenüber ein. Das hat mir und meinen Mandanten praktisch immer entscheidende Vorteile verschafft.

RING

Einer meiner wichtigsten Erfolgsfaktoren als Kickboxer war die Tatsache, dass ich meine Gegner und ihr Umfeld jeweils mit fast schon akribischer Genauigkeit studiert und analysiert habe. Ich schaute mir entscheidende Kämpfe meiner Zielpersonen immer und immer wieder auf Video oder YouTube an, sprach mit ehemaligen Gegnern und Trainern. Hierbei arbeitete ich wichtige Informationen zu Techniken, Reaktionsmustern, Stärken und vor allem zu den Schwächen heraus und verinnerlichte diese. Mit diesem Wissen gelang es mir, mein Training noch effektiver und effizienter zu gestalten und mich auf meinen Gegner optimal einzustellen.

Von zentraler Bedeutung waren für mich auch Informationen zu den individuellen Verhaltensweisen meiner Gegner. Ich entwickelte hierfür folgenden Fragenkatalog:

- 🥊 Wie reagiert mein Gegner unter großem Druck und Stress?
- 🥊 Wann greift er an, wann weicht er zurück?

- Verliert er häufig die Beherrschung? Wenn ja, wann?
- Neigt er dazu, den Kampf aktiv zu suchen oder gar zu vermeiden?

In einem weiteren Schritt habe ich mich mit dem privaten und beruflichen Umfeld meines Opponenten befasst. Auch hier lieferte mir der folgende eigens gestaltete Fragekatalog wichtige Informationen:

- Ist er Single, liiert oder verheiratet?
- Aus welcher Gegend stammt er?
- Wie sah sein Elternhaus aus?
- Wie ist sein Bildungsstand?
- Ist er vorbestraft?
- Wer ist sein Trainer, sein Ernährungsexperte, sein Arzt?
- Wie erscheint er in den Medien?
- Was ist sein Motiv für den bevorstehenden Kampf?
- Was sind seine Ängste?
- Hat er Freunde?
- Sind Feinde bekannt? Wenn ja, welche? Wie kann ich diese kontaktieren, um weitere (Insider-) Informationen zu gewinnen?
- Gibt es eventuell vertrauenswürdige, bewusste oder unbewusste Verbindungsmänner auf seiner Seite (und die gibt es immer!), die mir Informationen liefern können?

Sie sehen also, dass zu einer strukturierten Informationsbeschaffung nicht nur die Person selbst, sondern das Studium des gesamten beruflichen und privaten Umfeldes unbedingt dazugehört!

BUSINESS

Die Analyse Ihres Verhandlungspartners erfordert eine genaue Struktur, etwas Fantasie und nicht zuletzt Kreativität. Ich werde Ihnen hier einige von mir häufig angewendete gängige Informationsbeschaffungsmethoden aufzeigen, die im Übrigen allesamt legal sind. Die illegalen, je nach Charakter und Kulturkreis Ihrer Zielperson teilweise sogar gängigeren Methoden, erlaube ich mir aus ethisch-moralischen Gründen an dieser Stelle bewusst wegzulassen.

Sie werden sehen, dass Sie bereits mit den aufgeführten Methoden zu interessanten und verwertbaren Informationen kommen werden, die Ihnen bereits im Vorfeld wichtige Eindrücke von Ihrem Verhandlungspartner liefern können und werden.

Aus Erfahrung lege ich Ihnen nahe, dass Sie sich folgendes Prinzip unbedingt einprägen: *Jede* zurzeit scheinbar noch so nebensächlich erscheinende Information ist bis auf Weiteres als interessant einzustufen und bedarf daher besonderer Beachtung! Es könnte sein, dass eine auf den ersten Blick nicht zentral erscheinende Information plötzlich im dynamischen Verhandlungsprozess an Wichtigkeit gewinnt.

Nun können Sie diese einfach aus dem Hut zaubern, verwerten und in die somit neu entstandene Verhandlungssituation integrieren.

Setzen Sie Ihre Informationsrecherche und -beschaffung daher unbedingt konsequent und akribisch bis zum endgültigen Verhandlungsabschluss fort! Darunter verstehe ich jenen Moment, in dem alle getroffenen Vereinbarungen von der Gegenseite vollständig erfüllt und eingehalten wurden – keinen Moment früher!

GOOGLE

Am einfachsten lässt sich der Name Ihres Verhandlungspartners in einem ersten Schritt googeln.

Ebenfalls empfehle ich Ihnen, E-Mail-Adressen, bekannte Telefon- und Handynummern und vergangene Arbeitsstellen Ihrer Zielperson in die genannte Suchmaschine einzugeben.

Weitaus spannender wird es, wenn Sie in einem nächsten Schritt vor den Namen Ihrer Zielperson gezielt Schimpfwörter platzieren, also zum Beispiel »Scheißkerl Manfred Muster«. Auch Begriffe wie »Sucht Manfred Muster« können überaus interessante, überraschende und unerwartete, von Ihrer Zielperson bisher geheimgehaltene Informationen freisetzen, die es natürlich ausgiebig zu studieren, zu sammeln, zu verwerten und situativ gezielt einzusetzen gilt.

Je prominenter und mächtiger Ihr Verhandlungspartner ist, desto größer ist die Wahrscheinlichkeit, dass Sie mit dieser

Methode im Internet auf verschiedene Chat-Foren stoßen werden. In diesen Foren werden Sie Menschen treffen, die verschiedenste, meist jedoch negative Erfahrungen mit Ihrem Verhandlungspartner gemacht haben und sich diesbezüglich, meist nicht besonders wohlwollend, austauschen. Treten Sie diesen Foren bei, nehmen Sie direkten Kontakt mit einzelnen Mitgliedern auf und erfragen Sie konkrete Informationen, die für Sie wichtig sind oder sein könnten. Sie werden erstaunt sein, wie offenherzig die angeschriebenen Personen Ihnen selbst über diskrete Machenschaften Ihrer Zielperson Auskunft geben können und werden.

Rache ist bekanntlich süß – in manchen Fällen sogar zuckersüß!

Fotos googeln

Keinesfalls sollten Sie es sich entgehen lassen, intensiv nach Fotos Ihrer Zielperson zu googeln. Dabei sollte Ihr Fokus besonders auf solchen Fotos liegen, die zumindest zweideutig zu interpretieren sind.

Hinweis

Sollte Ihr Gegner während der Verhandlung offensichtlich falsch spielen und sich gegen jegliche Abmachung unfair verhalten, lohnt es sich vielleicht, diese Fotos anonym an seine Geschäftskontakte oder an die Medien weiterzuleiten oder ihm gar wie folgt unter vier Augen zu präsentieren:

Beispiel

Sie stoßen auf ein Foto, wie Ihr Verhandlungspartner, der »glücklich verheiratete« Herr Vorstandsvorsitzende Manfred Muster, in einer ukrainischen Bar einige junge und überaus leicht bekleidete Damen in eindeutiger Pose auf seinem Schoß sitzen hat. Sie könnten ihn, nachdem er einen unfairen, bösartigen Angriff auf Sie gestartet hat und Ihnen öffentlich mit Sanktionen droht, während des Pausensmalltalks diskret zur Seite nehmen und ihm mit ruhiger, jedoch bestimmter Stimme Folgendes mitteilen: »Herr Muster, ich bin zugegebenermaßen nun doch etwas irritiert. Gestern wurde mir dieses Foto (Bildnachricht zeigen) von einer unbekannten Quelle zugespielt. Ich denke nicht, dass Ihr Hang zur Promiskuität Thema dieser Verhandlung werden sollte, oder?« Dasselbe ist natürlich mit Fotos, welche die Zielperson beim Alkohol- oder Drogenkonsum zeigen, genauso gut durchführbar.

Ich garantiere Ihnen, dass Ihr Gegenüber stillschweigend den Rest der Verhandlung über sich ergehen lässt und Ihnen plötzlich unerwartete Zugeständnisse machen wird.

Aber Vorsicht: Ihr Gegner kann genau dieselbe Technik benutzen, um Sie in Bedrängnis zu bringen – seien Sie sich dessen jederzeit bewusst!

YASNI

Die Informationsplattform Yasni liefert Ihnen gleich ein erweitertes Sammelsurium von Informationen. Fotos, Interneteinträge, Zeitungsberichte und vieles mehr sind hier sorgfältig aufgelistet und für jeden öffentlich einsehbar. Sie können sogar unter der entsprechenden Rubrik manchmal sehen, welche Buchtitel und DVDs sich Ihr Verhandlungspartner in letzter Zeit online angesehen oder gar bestellt hat. Die dadurch gewonnenen Informationen könnten Sie beispielsweise durchaus nutzen, um dem Verhandlungspartner scheinbar gemeinsame Interessen zu suggerieren. Erkennen Sie beispielsweise, dass er in der Vergangenheit mehrere Golfbücher bestellt hat, sprechen Sie mit ihm im Vorfeld über Ihr Handicap oder darüber, dass Sie sich vorgenommen haben, die Platzreife zu erreichen.

Diese gezielt eingebrachten scheinbaren Gemeinsamkeiten können Ihren Verhandlungspartner unbewusst dazu verführen, Sie als besonders sympathisch und vertrauenswürdig einzustufen. Er ist so, wie ich aus eigener Erfahrung weiß, durchaus geneigt, Ihnen mehr Informationen mitzuteilen als ursprünglich geplant und Ihnen auch manche Zugeständnisse zu machen, da es sich mit einer »sympathischen, vertrauensvollen Person« wie Ihnen einfach ausgezeichnet verhandeln lässt.

Umgekehrt sollten bei Ihnen alle Alarmglocken läuten, wenn Ihr Verhandlungspartner scheinbar nichtsahnend gewisse Themen anspricht, die einen erhöhten Stellenwert in Ihrem Leben und Interessensradius einnehmen! Es könnte eine Manipulationsfalle sein, um Ihre Sympathie zu gewinnen und so auf gleiche Art und Weise zu wertvollen Informationen zu gelangen.

Facebook, LinkedIn, Twitter und andere Social Media

Der Drang nach öffentlicher Anerkennung ist gerade bei narzisstisch geprägten Managern und Entscheidungsträgern sehr weit verbreitet. Es würde Ihrem Verhandlungspartner schließlich keinen Spaß machen, wenn er der Welt da draußen vorenthalten müsste, was er für ein toller und vor allem erfolgreicher Hecht ist.

Sie werden erstaunt sein, wie einfach Sie wichtige Informationen über Ihre Zielperson in den gängigen Social Media finden!

Hinweis

Was ich Ihnen in diesem Zusammenhang unbedingt empfehlen möchte, ist das Studium der einsehbaren Kontakt- und Freundesliste Ihrer Zielperson. Auch diese könnte Ihnen wichtige weiterführende Informationen und Antworten auf folgende Fragen liefern: Mit wem umgibt sich mein Verhandlungspartner? In was für Kreisen verkehrt er?

Außerdem ist es nur legitim, wenn Sie gezielt sichtbare Kontakte Ihres Verhandlungspartners anschreiben, um nützliche Informationen über Ihr Gegenüber in Erfahrung zu bringen. Auch hier ist erfahrungsgemäß die Auskunftsbereitschaft erstaunlich hoch!

Beispiel

In einem mir bekannten, jedoch nicht von mir betreuten Verhandlungsfall versuchte ein renommierter deutscher Geschäftsmann mit der israelischen Rüstungsindustrie einen bedeutenden und lukrativen Deal abzuschließen. Während der Verhandlung, die bis dahin sehr gut für den deutschen Geschäftsmann verlaufen war, ergriff an einer entscheidenden Stelle ein unscheinbarer und zuvor eher wortkarger israelischer Offizier plötzlich das Wort. Es sei ihm aufgefallen, dass der anwesende deutsche Geschäftsmann auf Facebook Kontakte zu Einzelpersonen pflege, die online »eindeutig antisemitische Literatur« verbreiten würden!

Der nichtsahnende deutsche Geschäftsmann kam verständlicherweise sofort stark ins Schwitzen, da ihm selbst keinerlei Verbindungen zu solch dubiosen Kreisen bekannt waren.

Die Angst, den lukrativen Deal aufgrund einer solch schwerwiegenden Behauptung zu verlieren, brachte den deutschen Geschäftsmann verständlicherweise in großen emotionalen Stress. Die Folge war, wie im Übrigen bei allen Menschen, die negativen Stress erfahren, dass er schlagartig nicht mehr klar und logisch-rational denken konnte. Er begann, mit der Absicht, diese äußerst unangenehme Situation doch noch irgendwie retten zu wollen, unstrukturiert zu argumentieren und machte dabei gravierende Folgefehler.

Die routinierte Gegenseite bemerkte zufrieden die durch diese Falschbehauptung bewusst herbeigeführte Stresssituation und die damit einhergehende Konzentrationsschwäche des Geschäftsmannes und erhöhte den Druck durch weitere unvorteilhafte Aussagen, die sie über bekannte Internetplattformen gesammelt hatte. Der bis dahin souverän wirkende deutsche Geschäftsmann war überraschenderweise durch diesen einen gezielt eingestreuten Satz plötzlich angreifbar geworden und machte daraufhin in der Verhandlung für ihn klar unvorteilhafte Zugeständnisse, die er in einer stressfreien, logisch-rationalen Denksituation wohl nie so ohne Weiteres gemacht hätte.

Ich werte diesen Zug als hervorragende Taktik des israelischen Offiziers, den deutschen Geschäftsmann mit nur einer einzigen Behauptung in größte emotionale Schwierigkeiten zu bringen. Er schien seine Hausaufgaben im Vorfeld sehr gut gemacht zu haben und die Schwachpunkte des deutschen Geschäftsmannes korrekt analysiert und erfasst zu haben.

Was ich Ihnen anhand dieses eindrucksvollen Beispiels aufzeigen möchte, ist die Tatsache, dass auch Ihre Gegenseite sehr an Informationen über Sie interessiert ist, die sie im richtigen, meist unerwarteten Moment taktisch zu den eigenen Gunsten nutzen und einsetzen kann. Seien Sie also vorsichtig, wie Sie sich im Internet präsentieren und wie öffentlich Sie sich und Ihr privates und berufliches Leben zur Schau stellen.

FIRMENINTERNE INFORMATIONSBESCHAFFUNG

Machen Sie sich unbedingt ein Bild von den internen Firmenstrukturen Ihres Verhandlungspartners. Hierfür eignet sich als Erstes – man staune – die offizielle Website. Studieren Sie die gängigen Organigramme, die Namen der formellen Entscheidungsträger (zusätzlich in Suchmaschine eingeben: siehe oben) und suchen Sie geduldig nach verwertbaren und für Sie nützlichen Informationen.

Ebenfalls empfehle ich Ihnen, sich telefonisch mit dem Sekretariat der Gegenseite verbinden zu lassen und für Sie wichtige Informationen einfach mutig zu erfragen. Sie werden äußerst erstaunt sein, wie offen manche Sekretärinnen Ihnen völlig unbewusst und gutgläubig entscheidende Informationen liefern können und werden.

Ich habe selbst mehrfach erlebt, dass die Sekretärin der Gegenseite ohne mit der Wimper zu zucken Informationen zu deren bevorstehendem Flug, Hotelnamen, Handynummer und zu genauen Tätigkeits- wie auch Verantwortungsbereichen preisgab. Sie schien auch keinerlei böse Absicht zu vermuten und freute sich sogar hörbar, dass Sie dem ach so freundlichen Anrufer »so gut weiterhelfen« konnte.

Mein Profi-Tipp

Wenn Sie für diese Informationen noch mit einem netten Blumenstrauß oder einer teuren Pralinenschachtel Ihre Wertschätzung zum Ausdruck bringen, können Sie darauf zählen, dass Ihnen dieselbe Person auch zukünftig aussagekräftig zur Seite stehen wird.

Ein weiterer, extrem wichtiger und äußerst effizienter Informationsbeschaffungsweg ist das Kontaktieren eines sogenannten Kontakt-(»K«-)Mannes. Darunter verstehen wir Personen im gegnerischen Umfeld, die uns bewusst oder unbewusst aufgrund persönlicher Beziehungsnetze wichtige Informationen liefern können und dies je nach Situation und Interesse auch tun.

Aus meiner langjährigen Erfahrung kann ich Ihnen mit Sicherheit eines garantieren: *Jedes* Unternehmen besitzt, unabhängig von dessen Größe und Struktur, K-Männer, die teilweise äußerst leichtgläubig und meist sogar ohne jeglichen bösen Willen Informationen an die Gegenseite liefern, sofern sie von den Verhandlungspartnern direkt kontaktiert und gefragt werden.

Ich empfehle Ihnen, sich unbedingt kontinuierlich ein Netzwerk an K-Männern auf der Konkurrenzseite aufzubauen und zu pflegen. Gehen Sie regelmäßig, auch außerhalb einer sich anbahnenden Verhandlung, zusammen essen, treiben Sie gemeinsam Sport und lassen Sie den entsprechenden Personen ab und zu kleinere Präsente zukommen. Ein Geburtstagsblumenstrauß an eine informationsstarke Sekretärin kann Ihnen im richtigen Moment viele bis dahin unzugängliche Informationen liefern und unerwartete Verhandlungstüren öffnen.

HINWEIS

Es könnte durchaus sein, dass Ihnen die Gegenseite über einen eigenen K-Mann bewusst falsche Informationen zuspielt, um Sie zu manipulieren. Sie können sich weitgehend dagegen schützen, indem Sie die Ihnen zugespielten Informationen immer doppelt prüfen! Konkret bedeutet das, dass Sie nur Informationen konkreter verwerten sollten, die von zwei unabhängigen Quellen bestätigt wurden. So reduzieren Sie die Wahrscheinlichkeit falscher oder manipulativer Informationen signifikant!

Im Gegenzug können Sie natürlich selbst auch über K-Männer Falschinformationen ins gegnerische Lager streuen.

MEIN PROFI-TIPP

Gehen Sie äußerst vorsichtig mit Ihren eigenen Informationen um! Nur Ihr Kernteam, das maximal aus drei Personen besteht, darf über gewisse wichtige, jedoch lange nicht alle Informationen verfügen. Ansonsten laufen Sie Gefahr, dass ein K-Mann auf Ihrer Seite der Gegenseite bewusst oder unbewusst relevante Informationen zuspielt, was zu einem entscheidenden Machtverlust und Nachteil für Sie führt.

PRAXISBEISPIEL

Ein Berliner Unternehmen möchte Teile eines Zürcher Unternehmens aufkaufen. Die Vorverhandlungen liefen so weit gut. Es steht die alles entscheidende Endverhandlung an, die in Zürich stattfinden soll. Hierfür wird der Berliner CEO, nennen wir ihn Dr. Müller (Name geändert), in den Hauptsitz nach Zürich eingeladen. Um die Verhandlung aus dem Hintergrund zu begleiten, werde ich kontaktiert und beauftragt, diese »mit allen Mitteln« zum Erfolg zu führen.
Ich beschäftige mich zunächst mit der Informationsbeschaffung.

In einem ersten Schritt google ich den Namen meiner Zielperson »Dr. Müller« und sehe mir sämtliche im Internet publizierten Informationen an. Dabei studiere ich jegliche noch so uninteressant erscheinende Seite und suche diese systematisch nach verwertbaren Informationen ab. Ich sammle jegliche potenziell nützlichen Informationspunkte und fasse diese für mich strukturiert zusammen. Ebenfalls checke ich die Internetplattform Yasni und sammle weitere Informationen, die ich verwerten kann. Im nächsten Schritt checke ich die Social Media und entdecke, dass Dr. Müller ein LinkedIn-Profil hat. Ich kontaktiere seine öffentlich einsehbaren Kontakte mit einem Mausklick und beginne in den nächsten Tagen scheinbar belanglose Business-Konversationen mit vereinzelten Personen. Nach einigen solchen Konversationen lenke ich das Thema eher nebensächlich auf unseren »gemeinsamen Freund Dr. Müller« und bringe so jede Menge inoffizieller Informationen in Erfahrung. Im nächsten Schritt gebe ich in die Suchmaschine »Halsabschneider Dr. Müller« ein und lande nach wenigen Mausklicks in einem Chatroom. Hier tauschen sich Menschen aus, die in der Vergangenheit nicht wirklich gute Erfahrungen mit unserer Zielperson gemacht haben. Nachdem ich diese ebenfalls virtuell kontaktiert habe, bringe ich zahlreiche Insiderinformationen bezüglich gewisser Charaktereigenschaften und Verhaltensweisen von Dr. Müller in Erfahrung, die sich im bevorstehenden Verhandlungsprozess als goldrichtig herausstellen sollten. Nun lasse ich Dr. Müllers Privatsekretärin von einem unserer Teammitglieder telefonisch kontaktieren. Um Dr. Müller »zeitlich nicht unnötig zu belasten« teilt uns diese gutgläubig mit, dass dieser am 10. Mai mit einer Swissair-Maschine um 9.25 Uhr am Flughafen Berlin Tegel abfliegt und 10.55 Uhr in Zürich landen wird. Am besagten Tag platziere ich einen unserer Männer am Flughafen Tegel in Berlin. Dieser hat den Auftrag, unserer Zielperson unauffällig zu folgen. Nachdem Dr. Müller den Security-Check hinter sich gebracht hat, zückt er, wie das erfahrungsgemäß praktisch jeder Geschäftsmann tut, sein Handy und beginnt mit seinem Rechtsanwalt, der in Zürich auf ihn wartet und ihn in der Verhandlung unterstützen wird, die letzten Details der bevorstehenden Verhandlung zu diskutieren. Dies tut Dr. Müller ganz weltmännisch mit selbstsicherer und vor allem lauter Stimme. Für unseren Mann ist es so ein Leichtes, der aufschlussreichen Konversation unauffällig zu folgen und Notizen zu deren Inhalt zu machen. Die gesammelten relevanten Informationen sendet er uns per Mail nach Zürich. In der Businesslounge nimmt Dr. Müller seinen Laptop zur Hand, um, ebenfalls wie gewöhnlich jeder Geschäftsmann, seine E-Mails vor dem Abflug ein letztes Mal zu checken. Unser Mann nimmt parallel dazu seinen eigenen Laptop zur Hand und bietet Dr. Müller ein ungesichertes Netz, in das sich dieser einloggt, ohne es zu merken. Nun ist es für unseren Verfolgungsmann ein Kinderspiel, den Mailverkehr mitzulesen und unserem Team in Zürich wiederum detaillierte Informationen zum bevorstehenden Verhandlungsprozess weiterzuleiten. Am Flughafen Zürich erwartet der Rechtsanwalt von Dr. Müller seinen

Klienten brav am Terminal. Wir haben, ganz in der Tradition guter Schweizer Gastgeber, einen Limousinen-Service beauftragt, die beiden Geschäftsmänner abzuholen und standesgemäß in einer edlen Karosse zu uns ins Unternehmen zu fahren. Unsere beiden Zielpersonen sitzen im hinteren Teil des Wagens und gehen nochmals die wichtigsten Schritte zur bevorstehenden Verhandlung durch. Sie bemerken jedoch nicht, dass unser Fahrer sein Handy angelassen hat und wir am anderen Ende der Leitung der Unterhaltung unbemerkt folgen können. Im Unternehmen angekommen, begrüßt unser mit den neuen Informationen von mir gebrieftes und zusammengestelltes Verhandlungsteam Dr. Müller und seinen Anwalt freundlich. Nach einem kurzen Smalltalk beginnt die erste Verhandlungsrunde. Nach rund zwei Stunden schlägt unser Verhandlungsführer eine 30-minütige Pause vor. Dr. Müller und sein Anwalt stimmen dem zu. Unser Verhandlungsführer bietet ihnen an, den Verhandlungsraum als Besprechungsort zu nutzen, worauf er selbst diesen verlässt, damit Dr. Müller und sein Anwalt »allein« sein können. Selbstverständlich werden Getränke und Speisen serviert, damit sich unsere Zielpersonen so richtig wohl fühlen. Was diese jedoch nicht wissen, ist, dass unser Verhandlungsführer »zufällig« auf seinem Stuhl sein Handy liegen gelassen hat. Mit einem Bluetooth-Headset bewaffnet ruft dieser, kaum vor der geschlossenen Tür angekommen, sein eigenes (lautlos gestelltes) Handy an und hört mit, was unsere Zielpersonen im Raum miteinander diskutieren. Diese Informationen werden un-

mittelbar an mich weitergeleitet, damit ich die Strategie und die Taktik neu bestimmen und optimieren kann. In der zweiten Verhandlungsrunde provozieren wir eine Sackgasse und vertagen die Verhandlung bis auf Weiteres. Unsere sichtlich emotional getroffenen Zielpersonen werden wiederum durch unseren Limousinen-Service an den Zürcher Flughafen gefahren. Während der Rückfahrt – Sie ahnen es schon – lässt der Fahrer wiederum sein Handy an, damit wir wiederum unbemerkt der Konversation folgen können. Gerade diese letzten Informationen sind für den Verlauf der weiteren Verhandlung besonders wertvoll, da die beiden Geschäftsmänner, merklich aufgebracht, jetzt besonders delikate Informationen austauschen. Mit einer Vielzahl gewonnener Informationen gewappnet, optimiere ich die Strategie, bestimme die Taktiken und trainiere unser Verhandlungsteam darauf, den Druck auf die Gegenseite mit neuen Forderungen massiv zu erhöhen. Der Deal wird zum Vorteil meiner Mandanten rund zwei Monate später äußerst lukrativ abgeschlossen.

ZUSAMMENFASSUNG

Bringen Sie die wichtigen und vor allem richtigen Informationen über Ihren Verhandlungspartner in Erfahrung. Studieren Sie ihn, sein berufliches und privates Umfeld. Durchforsten Sie Internetforen und Social Media. Bauen Sie sich K-Männer auf der Gegenseite auf, die Sie zu gegebenem Zeitpunkt direkt kontaktieren und die Ihnen bewusst oder unbewusst wichtige Informationen liefern können und werden.

Denken Sie jedoch immer daran, dass Ihre Gegenseite, sofern es Profis sind, genau dasselbe mit Ihnen tut!

TESTFRAGEN

➡ Warum interessiert uns das berufliche und persönliche Umfeld unseres Verhandlungspartners?

➡ Welche (legalen) Informationsbeschaffungsmethoden kennen Sie?

➡ Was verstehen Sie unter einem »K-Mann?«

➡ Warum ist dieser wichtig, nützlich, aber auch gefährlich?

➡ Wie schützen Sie sich vor bewusst zugespielten Falschinformationen?

AUF DIESE »DIRTY TRICKS« SOLLTEN SIE BESONDERS ACHTEN

1. DIE SPIONAGESOFTWARE- FALLE

Im Internet werden diverse Softwareprogramme angeboten, die Ihrem Gegner ermöglichen, Sie zu jeder Tagesund Nachtzeit zu überwachen. Konkret erhalten Sie eine unscheinbare SMS oder Mail, die Sie gedankenlos öffnen. Ab diesem Moment ist der Spionagevirus auf Ihrem Handy installiert! Ihr Gegner kann nun Ihre Gespräche abhören, Sie problemlos orten, Dateien kopieren und Sie sogar durch Ihr eigenes Handy-Kamera-Guckloch beobachten – selbst wenn Ihr Handy dabei abgeschaltet ist!

Mein Profi-Tipp
Nutzen Sie das physikalische Prinzip des faradayschen Käfigs und deponieren Sie alle Handys in einer mitgebrachten Metall-Keksdose. So sind sämtliche deponierten Handys zu 100 Prozent abhörsicher!

2. DIE VERWANZUNGSFALLE

Heutzutage braucht es keinen »Mister Q« aus einem James-Bond-Film, um einfach an äußerst effektive Abhörgeräte heranzukommen. Wiederum bietet hier das Internet eine Vielfalt von interessanten Gadgets: Kugelschreiber mit integrierten Kameras, kleinste Mikrofone mit Selbstklebemechanismus und jede Menge anderer Spielzeuge warten auf den Käufer. Besonders gefährlich wird es, wenn Ihr Verhandlungspartner den Raum kurz für einen scheinbaren Toilettengang oder eine Pause verlässt und Sie sich mit Ihrem Team alleine fühlen. Hier neigen viele Verhandlungsführer dazu, geheime Informationen am Tisch zu besprechen, die wiederum von den erwähnten technischen Geräten aufgezeichnet und später ausgewertet werden.

Mein Profi-Tipp

Besprechen Sie in den Ihnen zugewiesenen Besprechungs-
räumen niemals Details, die nicht für die Ohren Ihres Verhandlungspartners bestimmt sind.

Position und Motiv

Jede Verhandlung beginnt mit einem Wunsch oder einem Bedürfnis. Wir und unser Verhandlungspartner möchten individuell etwas erreichen, was bisher noch nicht erreicht wurde. Ansonsten würde eine Verhandlung ja keinen Sinn machen. Nicht nur die Bedürfnisse der Gegenseite sollten analysiert und evaluiert werden, sondern auch die eigenen. Nur so kann im Idealfall von einem Verteilungskampf in eine aktive und produktive Tauschverhandlung übergegangen werden. Es ist von außerordentlicher Wichtigkeit, eine Position von einem Motiv zu differenzieren. Unter der *Position* verstehen wir das vom Verhandlungspartner geäußerte Wort, beispielsweise der Wunschpreis. Das eigentliche *Motiv* zeigt jedoch, was unser Verhandlungspartner wirklich will, was letztendlich sein wahres Interesse ist.

Anfänger konzentrieren sich fatalerweise meist nur auf die geäußerte Position, was eine Verhandlung schwierig und teilweise fast unmöglich macht. Profis, zu denen Sie nach der Lektüre dieses Buches gehören werden, versuchen hingegen, die wahren Bedürfnisse und Motive des Verhandlungspartners in Erfahrung zu bringen. Nebst einer gezielten Informationsbeschaffung (siehe Kapitel 1) sind hierfür Einfühlungsvermögen, Menschenkenntnisse und ein gewisses Maß an Fantasie nützlich und sehr wichtig.

Die Kenntnis der Motivation verleiht Ihnen Weitsicht, Spielraum und letztendlich auch eine gehörige Portion Macht, da wir die Bedürfnisse des Verhandlungspartners entweder erfüllen oder, sollte er nicht kooperieren, gezielt entziehen können.

RING

Selbst im Kampfsport divergieren verbal geäußerte Positionen von persönlichen Motiven teilweise erheblich. Hört man den Kämpfern zu, äußern alle eine einzige Position: den Sieg! Analysiert man das Gegenüber jedoch etwas genauer und sieht man bewusst von der geäußerten Position ab, kommen nach und nach ganz andere, bis dahin versteckte Motive zum Vorschein.

In meiner aktiven Kampfsportzeit habe ich mit den Jahren meine Motivforschung des Gegners so weit perfektioniert, dass ich innerhalb kurzer Zeit mit einer relativ hohen Wahrscheinlichkeit in Erfahrung bringen konnte, was mein zukünftiger Gegner mit seiner Turnierteilnahme wirklich erreichen wollte. Manch einer strebte nach Ehre und Ruhm, andere hingegen wollten mit einem Kampf die eigene Angst bekämpfen, wiederum andere Kämpfer hatten die Motivation, Eindruck auf ihre Freunde, Familienmitglieder und das Publikum zu machen. Diese Erkenntnisse waren für mich jeweils von großem Wert. Ein Gegner, der Eindruck bei den anwesenden Personen schinden möchte, ist besonders gefährlich, da er meist sehr konsequent vorgeht und den Kampf von Anfang an aktiv und aggressiv gestaltet. Ihm ist es letztendlich nicht so wichtig zu gewinnen, sondern »einen guten Fight« zu liefern und somit einen bleibenden Eindruck zu hinterlassen. Den Kampf in diesem Fall mit einem offenen Schlagabtausch zu beginnen, wäre hier wenig zielführend, da ein offener Schlagabtausch den Gegner motivieren könnte, aus den genannten Gründen noch mehr Druck aufzubauen. Solche Gegner sind daher mit gezielten strategischen und taktisch intelligenten Einzelaktionen zu bekämpfen und somit auch relativ einfach zu beherrschen. Kämpfer, die hingegen Ruhm und Ehre als eigene Motivation erkennen lassen, sind erfahrungsgemäß weniger bereit in einem harten Schlagabtausch bis zum Äußersten zu gehen und im schlimmsten Fall ein eigenes K. o. zu riskieren. Dieser Typus ist gut mit einer konsequenten und harten Kampfführung besiegbar.

Sie sehen, obwohl beide Kämpfertypen im Vorfeld verbal als Position den Sieg äußern, haben Sie jeweils unterschiedliche, individuelle Motive und benötigen daher auch unterschiedliche strategische und taktische Vorgehensweisen.

Ich erinnere mich an einen Gegner, der bekannterweise aktiv in der rechtsextremen Szene tätig war. Als Kickboxer erhoffte er sich Anerkennung von anderen Personen seiner fragwürdigen Zunft. Sein Körper war mit auffälligen Tattoos übersät, was ich wiederum als Statussymbol und Anerkennungsversuch interpretierte. Als ich im Final auf ihn traf, waren die Zuschauerränge mit Bomberjacken- und Springerstiefel-tragenden Skinheads gefüllt, die ihrem Idol lautstark zujubelten. Immerhin galt es, einem Kickboxer wie mir, dann noch mit ausländischem Namen, eine besonders harte Niederlage zu bescheren. Ich wusste, dass ich seine Motivation der Anerkennung brechen musste, um ihn zu besiegen. Vor dem Kampf gab ich mich ruhig, gelassen, fast schon freundschaftlich ihm gegenüber. Ich suchte das friedliche Gespräch und suggerierte ihm so eine eingeschüchterte Haltung meinerseits. Ich erkannte in seinen Augen, dass er sich bereits als Superheld der anwesenden rechtsextremen Gruppe sah, da er von einem schnellen Kampfende überzeugt war.

Als der Kampf begann, stürmte mein Gegner wie erwartet aus seiner Ecke hervor und schlug wild und kopflos auf mich ein. Um ihm noch mehr falsche Sicherheit zu geben, erwiderte ich seine Attacken in den ersten 30 Sekunden nicht, sondern verbarg mich hinter meiner stabilen Doppeldeckung. Die anwesenden Glatzköpfe tobten und jubelten ihm ohrenbetäubend zu. Mein Gegner fing nun an, zusätzliche provozierende Gesten zu machen und mich hämisch auszulachen. Genau darauf hatte ich gewartet. Mit voller Kraft schlug ich ihm aus meiner Doppeldeckung blitzschnell einen direkten Schlag in den Solar Plexus. Er brach unter einem herzzerreißenden Schrei sofort zusammen und robbte auf allen Vieren über die

Kampffläche – ein wahrlich demütigender und nahezu jämmerlicher Anblick! Von den Zuschauerrängen verstummten die Anfeuerungsrufe seiner zahlreichen Anhänger schlagartig. Er versuchte sich daraufhin aufzurappeln, da er die Verachtung seiner eigenen Gefolgsleute förmlich spüren konnte. Ich erkannte an seinen weit aufgerissenen Augen, wie sich Panik in ihm breitmachte. Das war mein Moment, den Kampf definitiv zu beenden. Als er torkelnd versuchte, erneut einen halbherzigen Angriff zu starten, versetzte ich ihm einen blitzschnellen Drehkick auf die Leber, was für ihn das vorzeitige Ende des Kampfes bedeutete. Seine mitgebrachten glatzköpfigen Anhänger waren allesamt verstummt und verließen mit hängenden Köpfen die Kampfhalle, während ihr ehemaliger Held noch immer halb bewusstlos auf der Kampffläche herumkroch und verzweifelt nach Luft japste.

Ich hatte es geschafft, ihm sein Motiv, die Anerkennung von seinesgleichen, mit einer gezielten Aktion erfolgreich strittig zu machen und ihn so zu besiegen.

Er wurde im Übrigen in den darauffolgenden Jahren nie mehr wieder in einem Turnier gesehen und versank in der Bedeutungslosigkeit.

BUSINESS

Gerade in der täglichen Geschäftswelt gilt es, Positionen und Motive konsequent auseinanderzuhalten und diese unterschiedlich zu betrachten und zu werten.

Wie bereits erwähnt, verstehen wir unter der Position die verbal oder schriftlich ausgedrückte Forderung, beispielsweise eine Preisreduktion von zehn Prozent. Das Motiv hingegen spiegelt den eigentlichen Beweggrund für das Tun wider, beispielsweise finanzielle Sicherheit durch eine in Aussicht gestellte Provision bei einer bestehenden, belastenden privaten Hypothek.

Um Motive korrekt zu erkennen und zu analysieren, eignen sich genaue Beobachtungen und gezielte Fragetechniken vor, während und nach den einzelnen Verhandlungsrunden. Motive lassen sich erfahrungsgemäß in einem unkonventionellen Rahmen, zum Beispiel bei einem gemeinsamen Essen, besonders gut evaluieren.

Interessanterweise haben die wichtigsten Motive häufig keinen direkten ersichtlichen Zusammenhang mit der bevorstehenden Verhandlung und müssen daher in den richtigen Kontext gestellt und als solche verstanden werden. Auch die individuellen Werte Ihres Verhandlungspartners sind von großer Wichtigkeit. Bedenken Sie, dass besonders persönliche Werte wie Ethik, Moral, Fairness, aber eben auch Unfairness, individuell sind und daher einer genauen Betrachtung und Gewichtung bedürfen.

Wenn wir das Motiv und die Werte schließlich ermittelt haben, stellt sich für uns die wichtigste Frage: Wie lassen sich diese gewonnenen Erkenntnisse für unsere bevorstehende Verhandlung am besten nutzen?

DIE BEDÜRFNISPYRAMIDE NACH MASLOW

Besonders Raymond Saner hat sich in seinem exzellenten Buch »Verhandlungstechnik« intensiv mit der Bedürfnispyramide im Verhandlungskontext befasst und interessante Schlussforderungen gezogen.

Wir wissen, dass jeder Mensch individuelle Bedürfnisse hat. In erster Linie sind dies lebensnotwendige Dinge wie Wasser, Nahrung, Unterkunft, Luft, aber auch Sex.

Der Sozialpsychologe Maslow legte dar, dass sich der Mensch erst dann weiteren Wünschen und Bedürfnissen zuwendet, wenn diese *Grundbedürfnisse* gedeckt sind. Unter diesem Aspekt ist beispielsweise die Nahrung solange ein entscheidender Faktor im Leben eines Menschen, bis sein Nahrungsbedürfnis durch Nahrungsaufnahme befriedigt ist. Ab diesem Moment ist Hunger für ihn keine eigentliche Motivation mehr.

Die jeweils höhere Pyramidenstufe im aufgezeichneten Modell wird erst dann erreicht, wenn die Bedürfnisse der darunterliegenden, niedrigeren Stufe einigermaßen befriedigt wurden. Nach dieser Theorie ist es also entscheidend, auf welcher Stufe der Pyramide sich Ihr Gegenüber zum Zeitpunkt der Konfrontation gerade befindet.

Die *zweite Stufe* ist nach Maslow das Bedürfnis nach Schutz und Sicherheit.

Die Bedürfnispyramide

Selbstverwirklichung
Das eigene
Potenzial wird durch
kreative Leistungen ausgeschöpft

Selbstverwirklichung
Das eigene
Potenzial wird durch
kreative Leistungen ausgeschöpft

**Respekt, Status
und Ansehen**
Berufliche Leistung, Anerkennung
der erreichten Position, Prestige

Soziale Bedürfnisse
Einbindung in die Gesellschaft, Anerkennung
als Mensch und Gruppenmitglied, Liebe

Schutz und Sicherheit
Schutz vor Gefahr, willkürlichen
Bedrohungen und Angst

Grundbedürfnisse
Lebenswichtige Dinge: Luft, Wasser, Nahrung, Unterkunft und Sex

Die Bedürfnispyramide nach Maslow, 1954

Nach Erreichen dieser Stufe stellt sich die Stufe des sozialen Umfeldes, beziehungsweise der sozialen Bedürfnisse ein. Konkret bedeutet das, dass das Individuum sich nach persönlichen Verbindungen mit anderen Individuen sehnt und mit diesen in irgendeiner Form in Kontakt treten möchte. Besonders die Akzeptanz der eigenen Person stellt hier einen wichtigen Eckpfeiler dar, die letztendlich in eine gewisse Gruppenzugehörigkeit mündet. Selbst der hartnäckigste Einzelgänger (unter die ich mich im Übrigen auch selbst zähle), möchte irgendwo dazugehören, und sei es nur zur Gruppe der hartnäckigsten Einzelgänger.

Die *dritte Stufe* stellt die Einbindung in die Gesellschaft dar. Konkret ist diese Stufe mit dem Streben nach einer angesehenen, respektierten und tragenden Rolle gleichzusetzen.

Der Anerkennung der Person soll nun eine Anerkennung der erbrachten Leistungen folgen. Hier spielen Status, Respekt und der gute Ruf entscheidende und zentrale Rollen. Geld und Macht verschaffen der jeweiligen Person noch mehr von der angestrebten Anerkennung der eigenen Person. Je nach Kulturkreis werden jedoch gerade monetäre Vermögen nicht unbedingt zur Schau gestellt, da ein bescheidenes, diskret verwaltetes Vermögen dem Inhaber dennoch eine gewisse Zufriedenheit und Selbstachtung verschafft. Ein Werbeslogan der Juwelierbranche bringt diese Haltung treffend zum Ausdruck: »Zu wissen, es ist Platin!«

In gewissen Kulturkreisen ist die Darstellung gerade materieller Güter hingegen äußerst wichtig, um vom Umfeld die entsprechende Anerkennung und Bewunderung zu erhalten. Als Beispiel seien hier die USA erwähnt. Ein Geschäftsführer oder Unternehmer, der seinen (scheinbaren) Reichtum nicht öffentlich zur Schau stellt, wird von der Gesellschaft nicht wirklich als erfolgreich wahrgenommen. Dieser Zwang zur Darstellung hat schon so manchen Geschäftsmann mittelfristig in den Ruin getrieben, da es sehr anstrengend ist, Reichtum dort zu suggerieren, wo keiner ist.

Ganz an der Spitze der Pyramide sind ähnliche persönliche Motive erkennbar, mit dem Unterschied, dass sie sich nicht mehr auf die Gesellschaft, sondern nur noch auf die eigene Person beziehen. Das eigene Potenzial wird als Messlatte angesehen, nicht mehr die Gruppe; die Selbstverwirklichung steht hier im Zentrum des individuellen Strebens.

MASLOW IM VERHANDLUNGSKONTEXT

Die Maslow-Pyramide können wir nun optimal in der jeweiligen Verhandlungssituation zur Motivforschung einsetzen und deren Erkenntnisse zu unserem eigenen Vorteil nutzen. Beginnen wir auf der **ersten Stufe der Grundbedürfnisse**, die unter anderem mit dem Bedürfnis nach Wasser, Nahrung, Schlaf und Sex definiert ist.

PRAXISBEISPIEL

Ein Einkäufer eines mittelständischen Unternehmens hat den Auftrag, in Thailand mit einem renommierten asiatischen Unternehmen einen Liefervertrag auszuhandeln. Nach einem fast zwölfstündigen Flug vom winterlichen Berlin aus trifft unser Einkäufer in Bangkok auf tropische Temperaturen von fast 35 Grad. Die Luftfeuchtigkeit beträgt weit über 90 Prozent. Im Hotel angekommen entdeckt er, dass seine Klimaanlage nicht ordnungsgemäß funktioniert. Aus eigener Erfahrung kann ich Ihnen sagen, dass der Begriff »finnische Sauna« sehr gut den Zustand im Hotelzimmer beschreibt. In der folgenden Nacht kann er aufgrund der angestauten Hitze und des Jetlags nicht einschlafen und ist am nächsten Verhandlungsmorgen in einem dementsprechend sichtbar desolaten Zustand.

Der CEO des asiatischen Verhandlungspartners erfährt vom Leid unseres Einkäufers und lässt ihm eine Suite in einem der besten Hotels der Stadt, dem Siam Kempinski, auf eigene Kosten reservieren. Er gewährt dem Einkäufer zuerst einmal einen Ruhetag in den herrlich klimatisierten Räumen des Hotels und eine Mütze voll Schlaf. Der Einkäufer ist daraufhin dermaßen dankbar, dass er sich für die anstehende Verhandlung zu einer besonders freundlichen und kooperativen Haltung verpflichtet fühlt und unter diesem Aspekt vermehrt ursprünglich ungewollte Zugeständnisse macht.

Die **zweite Stufe** der Maslow-Pyramide umfasst vor allem **Sicherheitsaspekte**.

PRAXISBEISPIEL

Der Verkäufer eines Schweizer Unternehmens soll in Medellin, Kolumbien, einen entscheidenden Servicevertrag mit einer Partnerfirma aushandeln. Vor seiner Abreise berichten verschiedene Nachrichtenmedien, dass in Kolumbien zurzeit vermehrt Entführungen von ausländischen Geschäftsleuten zu verzeichnen sind, die üblicherweise mit hohen Lösegeldforderungen einhergehen. Der Verkäufer nimmt diese Nachricht mit leichter Besorgnis auf und fühlt sich nun doch etwas mulmig vor seiner anstehenden Geschäftsreise. Nach seiner Ankunft in Kolumbien wird er erwartungsgemäß in ein luxuriöses Hotel chauffiert. Er wird jedoch bereits an der Rezeption von Angestellten davor gewarnt, das Hotel ohne Personenschutz zu verlassen. Selbst durch die Panzerverglasung seines Zimmers sind in der Nacht immer wieder Schüsse und laute Polizeisirenen zu hören. Daher beschließt er, unabhängig von der Verhandlungsdauer das Hotel aus den erwähnten Sicherheitsgründen nicht zu verlassen. Die Verhandlungen ziehen sich in den darauffolgenden Tagen unvorhergesehen in die Länge. Der Verkäufer, glücklich verheiratet und Vater dreier Kinder, fragt sich unter den genannten Aspekten zunehmend, ob es sich wirklich lohnt, für diesen Job weiterhin sein Leben in dieser gefährlichen Stadt zu riskieren. Sein wichtigstes Motiv in der jetzigen Situation ist nicht mehr der auszuhandelnde Vertrag, sondern seine persönliche Sicherheit. Er spielt in der Folge mit dem Gedanken, dem Verhandlungspartner einen großen Preisnachlass zu gewähren, was ihm die schnelle Reise in die sichere Heimat garantieren würde. Der kolumbianische Verhandlungspartner stellt dem Schweizer in der Folge drei Bodyguards zur Seite, damit sich dieser außerhalb des Hotels bewegen kann. Der Verkäufer fühlt sich dennoch zunehmend unwohl und macht in der Folge größere Zugeständnisse, damit er – zwar mit einem schlechten Abschluss, dafür aber unversehrt – wieder zurück in die sichere Schweiz zu seiner Familie fliegen kann.

Die **dritte Stufe** unserer Maslow-Pyramide beschäftigt sich mit sozialen **Bindungsstrukturen**. Diese machen sich vor allem bei Auslandsverhandlungen besonders stark bemerkbar.

Wenn Sie ein paar Wochen eine Verhandlung im winterlichen nepalesischen Kathmandu begleiten müssen und mit den eisigen Temperaturen, dem fremden Essen und einer für Sie unverständlichen Sprache konfrontiert werden, sehnen Sie sich wahrscheinlich sehr schnell nach irgendetwas Vertrautem, das Sie an die Heimat erinnert. Es könnte also durchaus sein, dass Ihr Verhandlungspartner Ihnen eine Einladung zu einem Anlass mit Ihnen vertrauter Kost und Gesprächspartnern Ihrer Nationalität ausspricht. Selbst gewiefte Verhandlungsprofis neigen spätestens nach einem heimatlichen Pils oder einem mit Kartoffelsalat garniertem Wiener Schnitzel dazu, den anwesenden, gleichsprachigen Personen im Überschwang des so sehr vermissten Heimatgefühls und der damit verbundenen sozialen Einbindung leichtsinnig Informationen preiszugeben.

Besondere Vorsicht ist dann gegeben, wenn Ihnen für den Abend noch attraktive Begleiter oder Begleiterinnen zur Seite gestellt werden, die einem weiterführenden nächtlichen Intermezzo nicht abgeneigt sind (Maslow-Bedürfnispyramide Stufe eins: Sex).

Auf der **vierten Stufe** angekommen stehen **Respekt, Anerkennung und Prestige** im Zentrum der individuellen Motivation.

Gerade Verhandlungspartner, die in ihrem eigenen Unternehmen nicht die erhoffte Anerkennung erhalten, sind für nett gemeinte Gesten wie roter Teppich, Limousinen-Service und einen zur Seite gestellten Dolmetscher besonders empfänglich und fühlen sich im Gegenzug zu ungeplanten Kompromissen verpflichtet.

Die **fünfte Motivationsstufe** der **Selbstverwirklichung** ist besonders bei erfolgreichen und gesetzten Menschen erkennbar. Diese möchten im Sinne eines nachweltlichen Erbes ein gewisses Maß an individueller Unsterblichkeit erreichen. Dieser Drang nach Individualität lässt sich in Verhandlungen einfach befriedigen: Wenn Sie einem solchen Verhandlungspartner herausfordernde Aufgaben zutrauen, ihm ein hohes Maß an Verantwortung übertragen und seine kreativen Lösungsvorschläge berücksichtigen und wertschätzen, haben Sie gute Chancen, dass dieser Verhandlungspartner zu Kompromissen zu Ihren Gunsten bereit ist. Diese Neigung sollten Sie dann auch weidlich ausnutzen.

SO WENDEN SIE DIE MASLOW-PYRAMIDE ERFOLGREICH AN

Im folgenden Abschnitt zeige ich Ihnen, wie Sie die Bedürfnispyramide nach Maslow im Verhandlungskontext mit einfachen Mitteln konkret nutzen können, je nachdem, ob sich Ihr Gegenüber kooperativ oder unkooperativ verhält.

STUFE 1 : GRUNDBEDÜRFNISSE

Verhandlungspartner zeigt sich kooperativ
Sorgen Sie für regelmäßige und gute Verpflegung und erfrischende Getränke. Eine Klimaanlage in tropischem oder winterlichem Klima ist entscheidend für das Wohlgefühl. Auch Geschenke und/oder Begleiter beziehungsweise Begleiterinnen für den Abend verfehlen ihre Wirkung nur selten.

Verhandlungspartner zeigt sich unkooperativ
Sorgen Sie dafür, dass Ihr Verhandlungspartner sich während des gesamten Verhandlungsprozesses sichtlich unwohl fühlt: Buchen Sie schlechte Hotelzimmer mit Lärmbelästigung, die ihm seinen Schlaf rauben sollen. Sorgen Sie dafür, dass sich der Verhandlungspartner andauernd müde und hungrig fühlt. Ziehen Sie daraufhin die Verhandlungsdauer stark in die Länge, ohne ihm Ruhepausen oder Möglichkeiten der Nahrungsaufnahme zu gewähren, bis er einbricht und Ihren Forderungen uneingeschränkt nachkommt. Das ist übrigens der Grund, warum sich viele Verhandlungen scheinbar unnötig unendlich in die Länge ziehen: Man möchte das gegnerische Team mürbe machen, indem die Motive auf die Grundbedürfnisse (Schlaf, Nahrung) zurückgestuft werden.

STUFE 2: SICHERHEIT

Verhandlungspartner zeigt sich kooperativ

Sie stellen Ihrem Verhandlungspartner, sofern nötig, Personenschutz, eventuell eine eigene Leibwache zur Seite. Die Unterbringung sollte ebenfalls in einem sicheren Stadtteil und die Verhandlung an einem sicheren Ort stattfinden.

Verhandlungspartner zeigt sich unkooperativ

Reservieren Sie das Hotel Ihrer Zielperson in der düstersten Gegend der Stadt. Stellen Sie keinen sicheren Limousinen-Service zum Verhandlungsort in Aussicht. Sprechen Sie besonders während der Verhandlungspausen immer wieder über die lauernden Gefahren der Gegend.

Denken Sie jedoch unbedingt daran, dass für viele Geschäftsleute gerade auch gewisse monetäre Reize (Boni et cetera) Sicherheitsgarantien liefern, besonders wenn Ihr Verhandlungspartner darauf angewiesen ist (laufende Hypothek, teure Scheidung, Studium der Kinder et cetera). Stellen Sie diese zunehmend infrage und entziehen Sie die Aussichten auf den Geldsegen systematisch (»Ich mache Ihnen nun ein Angebot. Mit jedem Tag, den Sie später zusagen, reduziert sich dieses Angebot um 20 Prozent!«).

STUFE 3: SOZIALE BEDÜRFNISSE

Verhandlungspartner zeigt sich kooperativ
Beziehen Sie den Verhandlungspartner ins gesellschaftliche Leben mit ein. Organisieren Sie pompöse Empfänge, sprechen Sie Einladungen in heimische Restaurants aus, gehen Sie zum Vornamen über.

Verhandlungspartner zeigt sich unkooperativ
Entziehen Sie Ihrer Zielperson sämtliche Möglichkeiten, soziale Kontakte zu knüpfen. Buchen Sie deren Hotelzimmer weit außerhalb der Stadt, sorgen Sie dafür, dass dort schlechte Handyverbindungen und Internetmöglichkeiten bestehen. Kontaktieren Sie Ihre Verhandlungspartner konsequent niemals außerhalb der Verhandlungsrunden. Ziehen Sie die Verhandlungsdauer unbedingt in die Länge.

STUFE 4: ANERKENNUNG

Verhandlungspartner zeigt sich kooperativ
Zeigen Sie Ihre Ehrerbietung, indem Sie den roten Teppich ausrollen lassen. Ein Privatchauffeur, eine schicke Limousine und der gezielte Einsatz von Statussymbolen untermauern Ihre Anerkennung.

Verhandlungspartner zeigt sich unkooperativ
Lassen Sie ihn unentschuldigt über längere Zeiträume in der Vorhalle oder Hotellobby warten, verschieben Sie Meetings,

vergessen Sie andauernd seinen Namen, zeigen Sie sich betont gelangweilt und desinteressiert.

STUFE 5: SELBSTVERWIRKLICHUNG

Verhandlungspartner zeigt sich kooperativ
Übertragen Sie Ihrer Zielperson besonders herausfordernde Aufgaben, lassen Sie diese Ihre Meinung äußern und übertragen Sie ihr ein hohes Maß an Verantwortung im bestehenden Verhandlungsprozess.

Verhandlungspartner zeigt sich unkooperativ
Entziehen Sie Ihrer Zielperson die Verantwortung über gewisse Bereiche, definieren Sie deren genaue Funktion nach Ihrem Geschmack.

PRAXISBEISPIEL

Ein mittelständisches Unternehmen mit Sitz in München strebt eine Vertragsverhandlung mit einer potenziellen Kooperationspartnerin aus Dresden an.
Der CEO des Dresdener Unternehmens kontaktiert mich im Vorfeld mit der Bitte, die bevorstehende Verhandlung zu ihren Gunsten zu beeinflussen. Er teilt mir außerdem mit, dass sich die Verhandlungspartner aus München bisher wenig kooperativ gezeigt haben. Begriffe wie »Arroganz« und »Uneinsichtigkeit« fallen im Vorgespräch. Im Verlauf

der Verhandlung instruiere ich das Dresdener Team, die Verhandlungsmotive der Gegenseite auf die Maslow-Pyramidenstufe 1 (Grundbedürfnisse) herunterzubrechen und dort zu fixieren. Das gegnerische Verhandlungsteam wird hierzu in einem auch für Ostdeutschland eher unterdurchschnittlichen Hotel untergebracht. Am Vorabend der Verhandlung organisieren wir einen Empfang in einem Restaurant. Das Mahl ist üppig, fettig und sehr schwer. Die Verhandlungspartner aus München fühlen sich sichtlich wohl und sind einem verstärkten Bier- und Schnapskonsum in »lockerer Atmosphäre« nicht abgeneigt. Wir ziehen den Abend bis um 2 Uhr morgens in die Länge und lassen unsere Gäste daraufhin ins Hotel chauffieren. Kaum im Taxi angekommen, erhält eines der gegnerischen Teammitglieder einen Telefonanruf des Dresdener CEO, dass die erste Verhandlungsrunde umorganisiert werden musste und nun anstatt wie ursprünglich geplant um 14 Uhr auf 7.30 Uhr vorverlegt wurde. Das Münchner Verhandlungsteam erscheint am besagten Morgen um 7.30 Uhr sichtlich übermüdet und teilweise auch verkatert am Verhandlungstisch. Unser ursprüngliches Verhandlungsteam, das am Vorabend noch kräftig mit der Münchner Delegation mitgefeiert hatte, wurde zwischenzeitlich durch frische, ausgeschlafene Mitarbeiter ausgetauscht. Ich habe das Verhandlungsteam instruiert, die Verhandlung in die Länge zu ziehen. Knapp 18 Stunden (!) später sind die Erschöpfungserscheinungen der Münchner Verhandlungspartner unübersehbar. Einzelne Mitglieder können sich nur noch schwer konzentrieren und bitten um eine Vertagung der Verhandlung. Unser Verhandlungsführer erhöht auf meine Anweisung den Druck nun erheblich und wirft entscheidende Forderungen in den Raum. Der Satz »Wir müssen heute zu einer Entscheidung kommen« unterstreicht den Willen, die Verhandlung noch viele Stunden in die Länge zu ziehen. Das gegnerische Verhandlungsteam bricht unter der zermürbenden Situation fast vollständig ein und macht letztendlich die gewünschten Zugeständnisse, um endlich zur Ruhe zu kommen. Erst nach Unterzeichnung der schriftlich festgehaltenen Vereinbarungen wird die Münchener Delegation endlich ins Hotel entlassen.

ZUSAMMENFASSUNG

Es ist von entscheidender Wichtigkeit, geäußerte Positionen von den wahren Motiven zu trennen und gesondert zu erfassen und zu werten.

Die Bedürfnispyramide nach Maslow hilft Ihnen anhand der fünf Stufen auf einfache und praktische Art, die individuellen Motive Ihrer Zielperson zu erforschen, zu erfassen und mit geeigneten Maßnahmen zu befriedigen. Sollte sich Ihr Verhandlungspartner unkooperativ zeigen, können Sie Ihm die Befriedigung seiner Bedürfnisse als Bestrafung entziehen.

Das wiederum kann und wird Ihnen entscheidende Verhandlungsvorteile verschaffen.

TESTFRAGEN

➡ Was ist eine Position?

➡ Was verstehen Sie unter einem Motiv?

➡ Wie lauten die fünf Stufen auf Maslows Bedürfnispyramide?

➡ Welche konkreten Maßnahmen sind in Verhandlungssituationen für die einzelnen Stufen in Erwägung zu ziehen?

AUF DIESE »DIRTY TRICKS« SOLLTEN SIE BESONDERS ACHTEN

1. DIE GETRÄNKE-FALLE

Es ist nun mal eine medizinische Tatsache: Sie können je nach Konstellationstypus relativ lange ohne Nahrung auskommen (besonders wenn Sie sinnvollerweise vor der Verhandlung gut gegessen haben). Kritischer wird es jedoch, wenn Ihr Flüssigkeitsbedarf nicht gestillt wird. Kopfschmerzen, Konzentrationsmangel und eine kaum überwindbare geistige und körperliche Müdigkeit sind die unmittelbaren Folgen. Das Ziel solcher Übungen ist es, Ihre Motivation auf Stufe 1 der Maslow-Pyramide (Grundbedürfnisse) herunterzudrücken und Sie so zu Zugeständnissen zu zwingen.

Mein Profi-Tipp

Gewöhnen Sie sich unbedingt an, eigene Wasserflaschen (ohne Kohlensäure) zur jeweiligen Verhandlung mitzubringen. So vermeiden Sie es, in die Falle zu tappen und demonstrieren der überraschten Gegenseite noch, dass diese es mit einem wahren Profi zu tun hat!

2. DIE SEX-FALLE

Es ist keine Seltenheit, dass Ihnen gerade während länger andauernder Verhandlungen bewusst »Begleiterinnen« oder »Begleiter« zur Seite gestellt werden. Diese beeindrucken nicht nur durch ihr ansprechendes Äußeres, sondern beherrschen auch die gängigen Umgangsformen und versprühen einen nahezu unwiderstehlichen Charme. Die Begleitperson macht Ihnen relativ schnell klar, dass sie nur zu gerne den restlichen Abend »abseits der störenden Blicke der anwesenden Personen« alleine mit Ihnen verbringen möchte. Wenn Sie dieses äußerst verlockende Angebot annehmen, kann es sein, dass das Wissen um Ihr nächtliches Tête-à-Tête im Verlaufe der Verhandlung bewusst genutzt wird, um Sie unter Druck zu setzen und so zu Zugeständnissen zu zwingen.

Mein Profi-Tipp

Lehnen Sie während einer Verhandlung auch scheinbar zufällig entstehende sexuell orientierte Bekanntschaften konsequent ab!

Teamaufstellung nach FBI-Regeln

Sowohl als Sportler als auch als Verhandlungsexperte habe ich erkannt, dass selbst bei extremen Einzelgängern ein kompetentes, klar strukturiertes Team einen entscheidenden positiven Einfluss auf bevorstehende Herausforderungen haben kann. Jedes Teammitglied sollte eine einzigartige Kompetenz haben, die Ihnen prozessbezogen nützlich ist. Konkret bedeutet dies, dass Sie Menschen ohne einzigartige und für Sie vorteilhafte Eigenschaften konsequent aus Ihrem Team verbannen sollten. Wie werden Teams jedoch zusammengestellt? Im folgenden Kapitel werden Sie lernen, wie Sie sich kriminalistische Methoden zur Teamzusammenstellung aneignen und äußerst effizient einsetzen können.

RING

Während meiner aktiven Wettkampfzeit habe ich gelernt, je nach Situation die dafür geeigneten und »richtigen« Leute um mich zu versammeln.

Ich stellte mir ein Team auf, in dem jedes Mitglied eine einzigartige, für mich nützliche Gabe hatte, seine Kompetenz kannte und die von mir vorgegebenen Grenzen ohne Widerspruch respektierte und einhielt.

Mein Team bestand beispielsweise aus Trainer, Sparringspartner, Physiotherapeut, einer Fitness- und Ernährungsinstruktorin und gewissen Familienmitgliedern. Jedes einzelne Mitglied wurde sorgfältig ausgesucht und im Rahmen seiner einzigartigen Kompetenz im Team platziert. So verhalf es mir auf seine Weise zu entscheidenden Vorteilen und im besten Fall zum Wettkampfsieg. Genauso wichtig war es für mich, menschliche »Störfaktoren«, also Personen die für mein bevorstehendes Ziel ohne nennenswerten Nutzen waren oder gar meine Visionen und Träume durch ihre bewusste oder unbewusste negative Haltung störten, konsequent von mir und den anderen Teammitgliedern fernzuhalten und auszuschalten. Zu den erwähnten menschlichen »Störfaktoren« gehören Schmarotzer, Schulterklopfer, Klugscheißer, sichtbare K-Männer, Neider und sonstige Schwerenöter. Bei der Teamaufstellung nahm ich mir bewusst von Anfang an Zeit, jedem einzelnen Mitglied in einem Vier-Augen-Gespräch unmissverständlich seine Funktion klarzumachen und seine Kompetenzgrenzen zu definieren. Jedes Teammitglied kannte somit seinen Platz und seine Funktion und konnte nun die ihm zugewiesene Aufgabe erfüllen.

Die jeweilige Funktion wird in einem zweiten Schritt auch intern den anderen Teammitgliedern klar und deutlich kommuniziert. So werden sich Unklarheiten, die sich negativ auswirken könnten, von Anfang an klären und Risiken für den Misserfolg entscheidend minimiert. Ebenfalls musste jedes einzelne Teammitglied das große gemeinsame Ziel und die damit zusammenhängenden Herausforderungen kennen und ernsthaft daran interessiert sein, mit bestem Wissen und Gewissen das Ziel erfolgsorientiert anzusteuern und mit aller Kraft zu erreichen. »Play to win« lautet der Slogan, und keinesfalls »Play not to lose«!

Als ich mit 42 Jahren meinen Weltmeisterschaftskampf im Kickboxen vorbereitete, war gerade die effiziente Teamzusammenstellung letztendlich einmal mehr matchentscheidend für mich. Meine Familie unterstützte mich moralisch, zwei langjährige Kampfsportfreunde gaben mir wertvolle Tipps, unterstützen mich in der Analyse meiner Stärken und Schwächen und übten konstruktive Kritik. Ein mir vertrauter Sportphysiotherapeut kümmerte sich um meine Verletzungen und Verspannungen und verhalf mir zwischen den brachial harten Trainingseinheiten mit viel Fingerspitzengefühl und Können zu einer kurzen Regenerationszeit, von der man im Alter bekanntlich immer mehr benötigt. Eine exzellente Fitness- und Ernährungsspezialistin brachte meinen Körper mit gezielten Trainingseinheiten und einem konsequenten Ernährungsplan in Rekordzeit in Topform.

Während des eigentlichen Kampfes sorgte sich mein Trainingspartner in der Ringecke um die Analyse des Kampfverlaufes und versorgte mich während der Rundenpausen durch Zwischenanalysen wie »Seine rechte Deckung hängt – Du musst nun gezielt seinen Kopf angreifen!« mit wertvollen Tipps. Am Kampfabend gewann ich den Weltmeistertitel souverän, da sich jedes Teammitglied bis zuletzt an meine klar kommunizierten Anweisungen im jeweiligen Kompetenzsegment gehalten hatte.

Die Freude über »unseren« sensationellen Sieg war bei den einzelnen Teammitgliedern noch Monate nach der Kampfnacht deutlich zu spüren!

BUSINESS

Einer der größten Fehler, die ich bei meiner jahrelangen Tätigkeit als Ghost Negotiator immer wieder beobachte, ist die Tatsache, dass Entscheidungsträger (CEOs, Chefs, Projektleiter et cetera) getreu dem Motto »Der Chef muss wieder einmal selbst die Firma retten« physisch an den Verhandlungstisch treten.

Hier drohen drei entscheidende Gefahren:

1. Der Entscheidungsträger ist die letzte Instanz im vorliegenden Verhandlungsprozess. Sein Wort gilt definitiv. Ein Wortbruch würde einem Gesichtsverlust gleichkommen.

2. Alleine zu verhandeln, bringt zwar den Vorteil, dass die verhandelnde Person die Ziele, die Strategie und die Taktik genau kennt. Ein entscheidender Nachteil überwiegt jedoch bei Weitem: Die Person ist emotional stark in den Verhandlungsprozess involviert und läuft Gefahr, in negativen Stress zu geraten. Ihre Leistungsfähigkeit sinkt schlagartig, das logisch-rationale Denken ist in der Folge stark eingeschränkt, und das führt früher oder später zwangsläufig zu schwerwiegenden Verhandlungsfehlern.

3. Wenn der »Chef« an den Tisch tritt, degradiert er die eigenen Teammitglieder zu hilflosen, unwichtigen Statisten, was wiederum einem nicht wünschenswerten Gesichtsverlust in den eigenen Reihen gleichkäme.

TEAMAUFSTELLUNG NACH FBI-REGELN

Frederic Lanceley, FBI-Spezialist in der Verhandlungsführung von Geiselnahmen, hat in seinem beachtenswerten Buch *Crisis Negotiation* auf ein System aufmerksam gemacht, das der ehemalige Polizeibeamte Matthias Schranner in die Business-Welt übertragen hat.

Hierbei wird das Verhandlungsteam in drei Mitglieder mit spezifischen Kompetenzen eingeteilt: den Verhandlungs-

führer, den Beobachter und den eigentlichen Entscheidungsträger.

Zur Veranschaulichung führen Sie sich folgende Situation
vor Augen:

Ein Geiselnehmer bedroht mit einer geladenen Pistole ein
neunjährges Kind und hält diesem die Waffe an die Schläfe.
Er fordert eine Million Euro, einen Hubschrauber und freies
Geleit.

Der *Verhandlungsführer* ist die Person, die direkt mit dem
Geiselnehmer spricht und verhandelt. Er steht dem Geiselnehmer direkt gegenüber und führt den direkten Dialog
nach dem Motto »Lass uns reden!«.

Der *analytische Beobachter* betrachtet und analysiert das
Geschehen aus dem Hintergrund, ohne für den Geiselneh-
mer sichtbar in den Verhandlungsprozess einzugreifen. In
Kriminalfilmen ist dies meist die Person, die am anderen
Ende des Telefons sitzt und den Verhandlungsführer bei
seiner Arbeit beobachtet.

Der *Entscheidungsträger* ist der verantwortliche Einsatz-
leiter, als die Person, die im Hintergrund die letzte Ent-
scheidungsinstanz ist und gegen den Willen aller anderen
anwesenden Personen entscheiden kann. In unserem Fall
könnte er – und nur er – den positionierten Scharfschützen
den Befehl geben, den Geiselnehmer mit einem gezielten
Kopfschuss zu »neutralisieren«.

DER ENTSCHEIDUNGSTRÄGER

Er ist die letzte Instanz, der alleinige Entscheidungsträger in einem Verhandlungsprozess. Wenn alle beteiligten Personen »Ja« sagen, und er »Nein« sagt, gilt sein Wort. Er hat niemanden hinter sich, auf den er sich berufen könnte. Er trägt letztendlich auch die alleinige Verantwortung für seine Entscheidung. Manchmal ist der Entscheidungsträger nicht eine einzige Person, sondern ein Vorstand oder Gremium. Jedoch auch innerhalb dieses Gremiums gibt es meiner Erfahrung nach immer eine »graue Eminenz«, eine Person, deren Meinung entscheidend und von besonderer Gewichtung ist. Der Entscheidungsträger entwickelt im Vorfeld die Verhandlungsstrategie, diskutiert taktische Instrumente, bestimmt das Verhandlungsteam und sorgt für eine klare Rollenaufteilung mit den jeweiligen Kompetenzen.

Und jetzt kommt das Besondere: Im Verhandlungsprozess ist der Entscheidungsträger niemals selbst am Verhandlungstisch präsent! Er mischt sich während des Verhandlungsprozesses auch niemals in das operative Verhandlungsgeschehen ein. Am Tag der Verhandlung begrüßt er lediglich das gegnerische Verhandlungsteam und stellt sein eigenes Team in kurzen, prägnanten Sätzen vor. Besonders stellt er klar, dass sämtliche Verhandlungsdiskussionen und jede schriftliche Kommunikation nur über den anwesenden Verhandlungsführer zu laufen haben. Danach verabschiedet er sich höflich und verlässt den Raum, da »andere Geschäfte von großer Wichtigkeit rufen«.

Während der Verhandlung steht er nicht etwa mit dem Verhandlungsführer, sondern mit dem Beobachter in engstem Kontakt und lässt sich durch diesen über den Verlauf der Verhandlung informieren. Ebenfalls plant er jeweils die nächsten strategischen und taktischen Schritte.

DER BEOBACHTER

Seine Aufgabe besteht darin, die Verhandlung aus der Metaebene, also der Vogelperspektive, mit einer gewissen Objektivität und Distanz zu beobachten. Selbst greift er jedoch nie aktiv in die Verhandlung ein, außer der Verhandlungsführer überquert seinen vorgegebenen Verhandlungsspielraum oder eine unerwartete, sich auf die Verhandlung negativ auswirkende Eskalation ist erkennbar.

Genau darin besteht auch sein großer Vorteil: Er kann aus der beschriebenen Metaebene die Verhandlung von oben herab beobachten. Das ermöglicht ihm einen wichtigen gedanklichen Spielraum. Er beobachtet verbale und nonverbale Kommunikationsmuster der Gegenseite, analysiert deren Stärken und Schwächen und beobachtet seinen Verhandlungsführer genau.

In »Face-to-Face«-Verhandlungen ist er meist am Verhandlungstisch mit dabei, stellt sich kurz namentlich vor und bleibt dann bewusst im Hintergrund. Er notiert sich wichtige Aspekte und gibt dem Verhandlungsführer in Verhandlungspausen, basierend auf seinen Beobachtungen, Tipps und neue Gedankenanstöße. Der Beobachter ist in direktem

Kontakt mit der Entscheidungsperson, nimmt von dieser Anweisungen entgegen und leitet diese an den Verhandlungsführer weiter. Ein Beobachter braucht eine gewisse strategische, weitsichtige Denkweise und ein hohes Maß an Empathie, damit er seine Beobachtungen und Analysen schnell verarbeiten und die daraus folgenden wichtigen Schritte im Voraus planen kann. Eine fundierte Erfahrung mit schwierigen Verhandlungen ist unabdingbar. Er muss eine stabile Persönlichkeit besitzen, geordnete Familienverhältnisse haben und – wie auch der Verhandlungsführer – unter großem Druck extrem belastbar bleiben!

DER VERHANDLUNGSFÜHRER

Er ist der eigentlich aktive Verhandlungsführer, also die Person, die aktiv spricht. Der Verhandlungsführer verhandelt und kommuniziert direkt mit der Gegenseite, sei es am Verhandlungstisch, per Mail, Telefon oder Videokonferenz.

Seine Entscheidungsmacht ist auf bestimmte, im Vorfeld klar definierte Bereiche eingeschränkt. Anfangs sollte er sich mit Namen und seinem Verantwortungsbereich vorstellen. Ebenfalls weist er, sofern er keine Entscheidung treffen kann, darauf hin, dass er je nach Informationslage die Entscheidung erst noch im Team diskutieren möchte, was in den Augen der Gegenseite weder seine Kompetenz noch seine Autorität mindert.

Ein Verhandlungsführer benötigt eine gewisse Eloquenz und hohe Empathie. Allzu große Eitelkeit oder ein übertriebener Sinn fürs Detail sind bei ihm dagegen fehl am Platz. Dafür hat er je nach Bedarf seine Experten.

Seine wichtigste Eigenschaft ist jedoch die Fähigkeit, auch unter größtem Druck belastbar zu bleiben und die vorgegebene Strategie anhand diverser Taktiken konsequent umzusetzen.

EXPERTEN

Für gewisse Verhandlungen sind Experten (Juristen, Ingenieure et cetera) notwendig, um bei Bedarf fachliche Detailpunkte aus ihrer Sicht zu bewerten und zu beurteilen. Diese ergreifen jedoch nur dann das Wort, wenn sie aktiv vom eigenen Verhandlungsführer dazu aufgefordert werden. Bei direkten Fragen durch die Gegenseite halten sie sich bedeckt, um den Verhandlungsprozess nicht zu stören und um keine unnötigen Informationen preiszugeben. Auf keinen Fall dürfen sich Experten in verhandlungsspezifische Fragen und Probleme einmischen, die nicht in ihrem Kompetenzbereich liegen. Ein Jurist wird sich beispielsweise, sofern ihm der eigene Verhandlungsführer das Wort erteilt, dezidiert zu rechtlichen Fragen äußern – nicht mehr, aber auch nicht weniger. Niemals sollte ein Experte aus falscher Eitelkeit in die Rolle des Verhandlungsführers schlüpfen wollen. Das wäre ein fataler Fehler!

MEIN PROFI-TIPP

Versuchen Sie, den Entscheidungsträger der Gegenseite selbst aktiv an den Verhandlungstisch zu locken. Dies funktioniert meist, wenn Sie an seinen häufig vorhandenen Narzissmus und Geltungsdrang appellieren. Rufen Sie den Entscheidungsträger nach der ersten Verhandlungsrunde an und teilen Sie ihm Folgendes mit: »Lieber CEO, Ihr Verhandlungsteam ist sehr gut aufgestellt, gratuliere! Ich denke, dass wir auf einem sehr guten Weg sind, bald eine Einigung zu finden. Leider stellt sich der etwas detailversessene Herr Meier aus Ihrem Team etwas quer und bremst den ganzen Prozess zunehmend, was sich eventuell suboptimal auf unser Angebot auswirken könnte. Ihre spezifische Fachkompetenz könnte im jetzigen Stadium sehr hilfreich sein, um den Prozess nicht unnötig zu gefährden und ohne unnötigen Zeitverlust zu einer Einigung zu gelangen.« In 90 Prozent der Fälle erscheint der angesprochene Entscheidungsträger der Gegenseite in der nächsten Verhandlungsrunde persönlich am Tisch, da ja schließlich »der Chef wieder mal den Karren aus dem Dreck ziehen muss«. Nageln Sie ihn nun gezielt mit Ihrer Eloquenz und Verhandlungssouveränität fest und zwingen Sie ihn so zu Zugeständnissen.

Wenn er unter Ihrem bewusst herbeigeführten Druck unter großem Stress die von Ihnen gewünschten Zugeständnisse gemacht hat, gehört der Deal Ihnen, da er sich aus Angst, vor seinen Teammitgliedern einen Gesichtsverlust zu erleiden, definitiv nicht gegen seine öffentlich geäußerte Entscheidung aussprechen wird – selbst wenn diese bei genauerer Betrachtung negativ für ihn und die Unternehmung ausfallen sollte.

Nehmen Sie von Ihrer Seite konsequent nur so viele Personen an den Verhandlungstisch mit, wie Ihnen auch wirklich von Nutzen sind. Je größer die Anzahl anwesender Personen auf Ihrer Seite ist, desto größer wird auch Ihre eigene Verwundbarkeit!

PRAXISBEISPIEL

Nachdem ein österreichischer Großunternehmer mit der Bitte an mich herangetreten ist, den Verhandlungsprozess zu seinen Gunsten zu optimieren, nehme ich im fortgeschrittenen Prozess sein Verhandlungsteam näher ins Visier. Ich stelle das Team ganz nach dem beschriebenen System »Entscheidungsträger, Verhandlungsführer, Beobachter« zusammen. Der Großunternehmer, der als einzige Entscheidungsmacht agiert, wird von mir während des Verhandlungsverlaufs aus dem Team genommen, erscheint also ab sofort nicht mehr selbst am Verhandlungstisch. Am ersten Verhandlungstag stellen wir fest, dass das gegnerische Verhandlungsteam ebenfalls ohne Entscheidungsträger erschienen ist. Nach dem ersten Verhandlungstag fällt uns auf, dass ein Teammitglied der gegnerischen Seite ein ausgebuffter Verhandlungsprofi ist. Ihm gelingt es, unser Team immer wieder in größere Erklärungsnöte zu bringen. Nach der ersten Verhandlungsrunde rufen wir den CEO (Entscheidungsträger) der Gegenseite an und informieren ihn über den schwierigen Verlauf des bestehenden Prozesses. Wir erklären ihm, dass wohl lediglich ein physisches Einbringen seiner »hervorragenden und ausgewiesenen Fachkompetenz« ein Scheitern der Verhandlung verhindern könnte. Am nächsten Tag erscheint der CEO der Gegenseite mit kleiner Verspätung persönlich und für seine eigenen Teammitglieder sichtlich überraschend am Verhandlungstisch. Um seine Wichtigkeit und Kompetenz zu betonen, reißt er schnell das Wort an sich und beginnt aus seiner Sicht den Prozess zu argumentieren. Der erwähnte Verhandlungsprofi aus seinem Team, der ihm jedoch hierarchisch gesehen unterstellt ist, versucht ihm das Wort wiederum zu entreißen, da er bereits jetzt ahnt, dass der von ihm am Vortag hart erarbeitete Verhandlungsvorteil zunehmend schwindet. Sein CEO ist sichtlich erzürnt über sein Verhalten und lässt sich mit ihm auf ein offenes Wortgefecht am Verhandlungstisch ein. Nach einer durch uns aufgrund »steigender Emotionen« einberufenen Verhandlungspause erscheint der für uns unangenehme Verhandlungsprofi nicht mehr am Tisch – er wurde wegen »offener Respektlosigkeit« von seinem Chef und CEO aus dem Team verbannt. Die restlichen anwesenden Teammitglieder der Gegenseite bleiben ab diesem Moment stumm und folgen zähneknirschend den Worten ihres Chefs. Unser Team erhöht nun den Druck auf den CEO und zwingt ihn zu Zugeständnissen, die für alle Anwesenden als äußerst suboptimal für die Gegenseite empfunden werden.

Unser Verhandlungsführer bedankt sich abschließend mit den Worten »Lieber CEO, wir schätzen es sehr, dass Sie allen anwesenden Personen hier Ihr Wort als Ehrenmann gegeben haben, den Punkt XY einzuhalten! Das zeigt uns, dass einer auf Vertrauen basierenden zukünftigen Zusammenarbeit von unserer Seite nichts mehr im Wege steht!« Ab diesem Moment ist der CEO der Gegenseite nicht mehr in der Lage, sein Wort rückgängig zu machen, da er sonst einen unwiderruflichen Gesichtsverlust erleiden würde.

ZUSAMMENFASSUNG

Stellen Sie Ihr Team nach Frederic Lanceleys FBI-Regeln auf: Verhandlungsführer, Beobachter, Entscheidungsträger und falls notwendig Experten.

Kommunizieren Sie intern klar und deutlich, wer welche Rolle einzunehmen und sich wie zu verhalten hat.

Verteilen Sie die jeweiligen Kompetenzen klar und für die einzelnen Teammitglieder verständlich.

Selbstverständlich kommunizieren Sie dies auf keinen Fall der Gegenseite!

TESTFRAGEN

➡ Wie sieht Frederic Lanceleys Teamaufstellung nach FBI-Regeln aus?

➡ Warum ist diese Form der Teamaufstellung von entscheidendem Vorteil?

➡ Warum sollte der Entscheidungsträger unbedingt vom Verhandlungstisch fernbleiben?

➡ Weshalb ist es für Sie hingegen sehr erstrebenswert, den Entscheidungsträger des gegnerischen Teams aktiv an den Verhandlungstisch und somit in die operative Verhandlung zu locken?

AUF DIESE »DIRTY TRICKS« SOLLTEN SIE BESONDERS ACHTEN

1. DIE ALPHATIER-FALLE

Gerade wenn Sie mit mehreren anwesenden Personen verhandeln, kann es sein, dass Sie Ihre Aufmerksamkeit besonders der Person zuwenden, die am meisten und am lautesten spricht. Die Gegenseite könnte dies im Vorfeld bewusst so geplant haben, um Sie zu verwirren und auf die falsche, nicht entscheidungsfähige Person zu programmieren.

Mein Profi-Tipp

Fragen Sie gleich zu Anfang der Verhandlung: »Wer außer Ihnen ist sonst noch an der Entscheidung beteiligt?« Für den Bruchteil einer Sekunde werden die Mitglieder des gegnerischen Teams der Person einen Blick zuwerfen, die in Wahrheit das Alphatier ist. Nun wissen Sie, wen Sie konkret in die Mangel nehmen müssen.

2. DIE FRIENDLY-FIRE-FALLE

Sehr gefährlich wird es, wenn der Verhandlungsführer der Gegenseite bewusst verschiedene Personen auf Ihrer Seite mit Fragen bombardiert. Sein Ziel ist es, ihr eigenes Team in Widersprüche zu verwickeln und dazu zu verleiten, sich gegenseitig mit Argumenten und Gegenargumenten auszuschalten. In der Verhandlungssprache sprechen wir hier vom sogenannten »Friendly Fire«, einem Ausdruck, der aus dem Vietnamkrieg stammt und darauf hinweist, dass amerikanische Soldaten unter großem emotionalen Stress versehentlich Ihre eigenen Kameraden erschossen haben.

Mein Profi-Tipp

Stellen sie Ihr Team unbedingt nach den empfohlenen FBI-Regeln auf. Instruieren Sie Ihr Team, dass die einzelnen Verhandlungsmitglieder konsequent nur nach gezielter Ansprache durch den eigenen Verhandlungsführer das Wort ergreifen dürfen.

Ziel, Strategie und Taktik

Inzwischen haben Sie die wichtigen und vor allem richtigen Informationen in Erfahrung gebracht, der Rahmen für die bevorstehende Verhandlung wurde gesteckt. Nun ist es an der Zeit, die eigenen konkreten Verhandlungsziele zu definieren. Nachdem wir die Ziele klar und unmissverständlich schriftlich definiert haben, erarbeiten wir eine geeignete Strategie, die unsere Marschrichtung zu unserem Ziel hin zeigt.

Unter der *Strategie* verstehen wir eine übergeordnete Vorgehensleitlinie für den bevorstehenden Verhandlungsprozess. Die *Taktik* zeigt die operativen Umsetzungsmöglichkeiten der definierten Strategie. Sie besteht aus einzelnen, konkreten Aktionen mit dem Ziel, die Strategie »auf dem Schlachtfeld« konkret umzusetzen.

In meiner Tätigkeit als Ghost Negotiator erkenne ich immer wieder, dass gerade in schwierigen Verhandlungen weder Strategie noch Taktik klar im Vorfeld definiert werden, sondern dass intuitiv und erfahrungsgetrieben verhandelt wird.

Gerade die intuitive und erfahrungsgetriebene Verhandlungsführung ist meiner Meinung nach einem Roulettespiel
gleichzusetzen: Die Akteure wissen nicht, wie die Kugel
fällt, sondern spekulieren aufgrund vorheriger Ereignisse
und individueller Erfahrungen über die entscheidenden
nächsten Schritte. Wer sich aber gerade unter schwierigen
Bedingungen auf den Faktor Glück verlässt, begeht einen
der gravierendsten und teuersten Fehler überhaupt!

RING

Ich habe während meiner aktiven Wettkampfzeit jeweils großen Aufwand in die Erarbeitung einer individuellen Zielsetzung, einer Ringstrategie und deren taktische Umsetzung in-
vestiert, um meine Erfolgschancen, besonders bei stärkeren
und erfahreneren Gegnern, massiv zu erhöhen. Bedenken
Sie, dass ein Kämpfer im Ring unter enormem Druck steht
und sich grundsätzlich in einer Extremsituation befindet.
In dieser Situation wird das Großhirn, das für das logisch-
rationale Denken verantwortlich ist, medizinisch betrachtet quasi vom Hirnstamm »getrennt«. Es sind nun nur noch
Reflexe aus dem Hirnstamm abrufbar, das logisch-rationale
Denken ist stark eingeschränkt und versagt ab einem gewissen Stresspegel völlig. Wenn der Athlet sich nun nicht
konsequent an die strategischen Vorgaben und die taktisch
eintrainierten Umsetzungsmuster hält, wird er emotional –

und riskiert den Kampf zu verlieren, häufig sogar mit einem schweren, demütigenden K. o.

Ich habe hervorragende Kampfsportler gesehen, die schon vor dem eigentlichen Fight nicht mit dem Druck und dem damit verbundenen extrem hohen Stresslevel klargekommen sind und auf einen Schlag alle im Vorfeld vage definierten Strategien und Taktiken vergaßen. Das führte dazu, dass sie selbst gegen eindeutig schwächere Gegner schwerste Niederlagen einstecken mussten.

Meine individuellen Wettkampfziele habe ich so hoch wie nur möglich gesetzt und jeweils terminlich anhand einer Deadline definiert. Das eigentliche Wettkampfziel war ja klar: Sieg. Auf dem Weg dahin galt es viele kleine Teilziele zu setzen, die dazu führen sollten, meine physische und psychische Form entscheidend zu verbessern. Erst danach befasste ich mich mit den strategischen Punkten.

Meine Kampfstrategien waren jeweils einfach, aber äußerst effizient konzipiert: Druck aufbauen, auf Zeit spielen, nachgeben (dem Gegner falsche Sicherheit vermitteln), um dann wieder völlig unerwartet den Druck von null auf hundert zu erhöhen. Die taktische Umsetzung bestand im Abrufen eisern eintrainierter Schlag- und Kicktechniken und einfachen Bewegungsabläufen. Wollte ich im Ring beispielsweise konkret strategisch den Druck erhöhen, habe ich taktisch einfach kurzfristig die Geschwindigkeit oder die Schlaghärte in meinen Angriffsabläufen erhöht. Ebenfalls provozierte ich meinen Gegner mit feinen verbalen Äußerungen (»Komm schon, ist das etwa alles, was du drauf hast? Lächerlich!«), was seinen Stresspegel zusätzlich um ein Vielfaches erhöhte. Sie können sich vorstellen, dass selbst gut trainierte Kämpfer in solchen von negativen Emotionen beherrschten Situationen schlagartig ihr eigenes Konzept über Bord warfen und schwerste Fehler begingen – die ich auf meiner Seite natürlich gezielt ausnutzen konnte.

Die strategische Entscheidung »auf Zeit spielen« bedeutete für mich, durch defensives Tänzeln taktisch den aktiven Schlagabtausch und die damit verbundene Raumgewinnung zu vermeiden. Die Strategie wurde von Runde zu Runde in Absprache mit meinem betreuenden Coach dem bisherigen Verlauf angepasst und somit auch die Taktik verändert. So wusste ich vor jeder weiteren Kampfrunde genau, was ich in der Folge zu tun hatte und wie ich konkret weiter vorgehen musste, um wichtige Punkte zu gewinnen.

Sie glauben nicht, wie viele hervorragende, technisch versiertere Kämpfer ich mit meinem konsequent strategischen und taktischen Vorgehen besiegt habe!

Bei der Pressekonferenz meines WM-Kampfes setzte ich meinen physisch stärkeren und jüngeren Gegner, den zweifachen Europameister Bernd Schäfer, mit einem unerwarteten Kuss auf die Stirn massiv unter Druck. Nachdem das Foto dieses Moments in der Presse erschien, wusste ich, dass er sich im bevorstehenden Kampf emotional geleitet dafür »rächen wollte«. Dieses fatale emotionale Vorgehen verleitete ihn in der Kampfnacht zu schwerwiegenden Fehlern, die von meiner Seite mit zwei harten Niederschlägen quittiert wurden, von denen er sich nicht mehr erholen konnte, und er verlor den WM-Kampf haushoch nach Punkten.

BUSINESS

Vor anstehenden Verhandlungen müssen folgende Punkte klar herausgearbeitet, definiert und schriftlich fixiert werden:

- Ziel
- Strategie
- Taktik

ZIELDEFINITION NACH SMART-PRINZIP

Ich bin in meiner weltweiten Beratungstätigkeit immer wieder erstaunt darüber, dass selbst namhafte Unternehmen keine klaren Zielvorstellungen für bevorstehende Verhandlungsprozesse definiert haben. Die Pseudo-Ziele sind schwammig, unklar und – besonders gefährlich – individuell interpretierbar.

Konkret gehen Verhandlungsführer »dann mal rein in die Verhandlung, um zu schauen, was der andere so sagt und tut«. Ein fataler und häufig auch in der Folge extrem teurer Fehler, der fast nicht mehr zu korrigieren ist.

Sobald der nicht klar zielorientierte Verhandlungsführer einen hohen Stresslevel überschritten hat, neigt er dazu, das schwammige Ziel an die jeweilige Situation anzupassen, bei steigendem Druck der Gegenseite entsprechend nach unten zu verschieben und in der Folge Zugeständnisse zu machen. Ziele machen aber nur dann Sinn, wenn sie auch realistisch, verständlich und vor allem messbar sind. Konkret bedeutet das für Verhandlungen, dass Sie im Vorfeld den Markt und gegebene Preissituationen erforschen und kennen müssen. Sie machen sich ansonsten lächerlich, wenn Sie im Marktvergleich einen extrem hohen Preis für eine eher durchschnittliche Dienstleistung oder ein austauschbares Produkt fordern.

Im nächsten Schritt definieren Sie ein klares *Maximal-* und ein *Minimalziel*.

Das *Maximalziel* betitelt unser bewusst hoch gestecktes Wunschziel. Das Maximalziel schützt uns aber auch davor, gierig zu werden und selbst nach Erreichen der Zielgrenze im Eifer des Erfolgs darüber hinausschießen zu wollen. Ich habe viele Verhandlungen begleitet, in denen das attraktive Maximalziel längst erreicht wurde und der Verhandlungsführer aus plötzlich auftretender Gier (»da geht noch mehr!«) den Bogen mit weiteren, nicht mit mir abgesprochenen Forderungen überspannte. Die Folge war ein unmittelbarer Verhandlungsabbruch der Gegenseite, da sich diese zu Recht über den Tisch gezogen fühlte.

Unter dem *Minimalziel* hingegen verstehen wir jene klar definierte Grenze, die bei nicht korrigierbarer Unterschreitung auf unserer Seite klar zum sofortigen Verhandlungsabbruch führt.

Diese Ziele sind für Sie in Stein gemeißelt, der Verhandlungsführer hat sich ohne Wenn und Aber konsequent daran zu orientieren!

Geben Sie hier keinesfalls Gedanken nach wie »was denkt wohl der Verhandlungspartner über meine sicherlich zu hohe Forderung?« Verstehen Sie die Verhandlung als Spiel, in der beide Parteien ihre maximalen Vorteile und Erträge auch gegen so manche Widerstände durchsetzen wollen.

Ziele definiere ich mit meinen Klienten mit der aus der klassischen Managementlehre bekannten »**SMART** Regel«.

S = spezifisch (was genau?)

M = messbar (Minimal-Maximalziel)

A = anspruchsvoll (hohe Ziele setzen)

R = realistisch (Vergleich, Benchmarking)

T = zeitlich terminiert (bis wann?)

Beispiel

Eine Preisverhandlung mit einem Kunden steht Ihnen bevor. Ihr Ziel könnte wie folgt aussehen: »*Ich möchte unsere Dienstleistung XY der Firma Müller mit minimal 1000 Euro, maximal 1600 Euro bis zum 15.12.2016 verkauft haben.*« Das schriftlich fixierte Ziel nimmt der Verhandlungsführer in die erste Verhandlungsrunde mit, damit er dies jederzeit vor Augen hat und nicht Gefahr läuft, die Ziele situativ nach oben oder unten zu verschieben. Selbstverständlich muss er diese Zahlen vor der Gegenseite geheim halten wie ein Staatsgeheimnis! So kann er sich, gerade wenn der Stresslevel unangenehm hoch wird und sein logisch-rationales

Denken abnimmt, konkret an den Vorgaben orientieren und weiterhin hart und konsequent verhandeln, ohne situativ bedingte, unvorhergesehene Zugeständnisse zu machen.

Sie werden sehen, dass unmissverständliche, schriftlich fixierte Zieldefinitionen gerade in harten Verhandlungen überlebenswichtig und unabdingbar sind!

Mein Profi-Tipp

Sollten Sie in der Funktion des Entscheidungsträgers sein, empfehle ich Ihnen dringend, dem Verhandlungsführer auf keinen Fall die reellen Maximal- und Minimalziele, sondern stärkere Ziele zu kommunizieren. Sie schützen sich so davor, dass der Verhandlungsführer sich zu schnell nach Erreichen vor allem der minimalen Zielsetzung festlegt und nicht bereit ist, für ein noch besseres Ziel weiterzukämpfen. Außerdem behalten Sie sich selbst so jederzeit einen Spielraum vor, den Sie anpassen und ohne Gesichtsverlust bei Bedarf nutzen können.

Beispiel

Ihr für Sie definiertes Maximalziel lautet 1600 Euro, das Minimalziel 1000 Euro.

Sie kommunizieren Ihrem Verhandlungsführer jedoch das Maximalziel von 1800 Euro und das Minimalziel von 1300 Euro. Unter diesen Voraussetzungen wird der Verhandlungsführer bewusst noch bessere Ergebnisse aushandeln und sich nicht auf bereits erreichten Lorbeeren ausruhen.

DIE FÜNF WICHTIGSTEN STRATEGIEN IN VERHANDLUNGSPROZESSEN

STRATEGIE 1: AUF ZEIT SPIELEN

Diese Strategie empfiehlt sich, wenn Sie die Verhandlung erst mal einfrieren und Zeit gewinnen oder eine Forderung Ihres Verhandlungspartners ins Leere laufen lassen möchten. Sie verhalten sich äußerst passiv, stellen selbst keine Forderungen, attackieren die Forderungen Ihres Verhandlungspartners auch nicht. Sie vertagen die Verhandlung einfach auf einen anderen Zeitpunkt, beantworten keine Mails und nehmen auch keine Telefonanrufe mehr entgegen – Sie sind schlicht und einfach nicht erreichbar.

Sie können so einen (scheinbar) mächtigeren Verhandlungspartner gezielt schwächen, ihn ungeduldig machen und zu Fehlern verleiten. Bedenken Sie jedoch, dass Sie die Verhandlungen zu gegebener Zeit unbedingt weiterführen müssen, da Sie ansonsten riskieren, dem Verhandlungspartner kampflos das Feld zu überlassen und so für weitere und zukünftige Prozesse ausgeschaltet werden.

STRATEGIE 2: DRUCK AUSÜBEN

Wenn Sie Druck auf Ihren Verhandlungspartner ausüben, möchten Sie Ihre Interessen ungeachtet seiner Position und einer potenziellen weiteren Zusammenarbeit durchsetzen.

Lediglich Ihre eigene Zielerreichung steht im Mittelpunkt Ihres Interesses und Handelns, die Bedürfnisse Ihres Gegenübers sind Ihnen mehr oder weniger egal.

Gerade Personen, die überzeugt sind, gewinnen zu können, wenden diese Strategie gerne an. Klassische Beispiele finden wir in harten Einkaufs-Verkaufsverhandlungen. Druck wird ausgeübt, indem fiktive Mitbewerber verbal ins Spiel gebracht und sogar Drohungen ausgesprochen werden. Aus meiner Erfahrung macht es durchaus Sinn, für seine Position konsequent einzustehen, jedoch mit der Einstellung in anderen (für einen selbst unwichtigeren) Bereichen entsprechend nachzugeben. Sollte Ihr Ziel jedoch gerade darin bestehen, dass es eben zu keiner Einigung kommt, so können Sie ohne Weiteres auf Druck mit noch größerem Gegendruck reagieren. So kann und wird es zum Kampf kommen, der, sofern das zu Ihrem Vorteil ist, in eine Sackgasse führt. Diese können Sie dann taktisch nutzen und die Verhandlung wunschgemäß abbrechen.

STRATEGIE 3: NACHGEBEN

Aus meiner Erfahrung definitiv die gefährlichste Strategie. Sie geben Ihr Ziel zumindest teilweise auf und akzeptieren kampflos die Forderungen Ihres Verhandlungspartners, in der Hoffnung, dass Ihnen die Gegenseite automatisch entgegenkommt. Bei einem vertrauenswürdigen Verhandlungspartner kann diese Strategie (manchmal) aufgehen und funktionieren. Es besteht jedoch die Gefahr, dass der Verhandlungspartner seine Chance nutzt und den Druck, nachdem Sie nachgegeben haben, noch weiter erhöht, weil er meint, seine Interessen noch stärker durchsetzen zu müssen.

Die Strategie eignet sich jedoch ausgezeichnet bei unwichtigen Forderungen. Konkret heißt das, Sie geben in einem für Sie unwichtigen Punkt nach, erhalten dafür im Gegenzug jedoch unbedingt und sofort eine eigens geforderte, für Sie relevante Gegenleistung.

Mein Profi-Tipp

Geben Sie niemals einer Forderung nach, ohne im Gegenzug etwas anderes dafür zu erhalten! (Siehe auch unten: die Verhandlungsregel der Reziprozität)

STRATEGIE 4: DER KOMPROMISS

Der klassische Kompromiss zielt häufig auf ein »Treffen in der Mitte«. Beide Verhandlungspartner sind also bereit, teilweise nachzugeben. Das führt dazu, dass letztendlich auf beiden Seiten eine gewisse Unzufriedenheit entsteht, außer bei derjenigen Partei, die aus einem Treffen in der Mitte klare Vorteile für sich zieht.

Mein Profi-Tipp

Wenn Ihnen Ihr Verhandlungspartner ein »Treffen in der Mitte« vorschlägt, sollten Sie grundsätzlich misstrauisch werden. Es gibt meiner Meinung nach kaum einen plausiblen

Grund, warum sich jemand genau »in der Mitte« treffen sollte! Im Gegenteil: Derjenige, der sich von oben in die Mitte
bewegt, zeigt eigentlich nur, dass seine Untergrenze noch
nicht erreicht ist. Hier können Sie Ihre Forderungen noch
erhöhen und ihn zu weiterem Nachgeben zwingen.

STRATEGIE 5: DIE KOOPERATION

Bei dieser Strategie werden die Bedürfnisse beider Verhandlungspartner berücksichtigt. Vertrauen spielt hier ebenfalls
eine entscheidende Rolle. Eine vertrauensvolle, mittel- bis
langfristige Partnerschaft ist das Ziel. Was Sie jedoch unbedingt beachten müssen, ist die Verhandlungsregel der
Reziprozität.

Verhandlungsregel der Reziprozität
Geben Sie niemals etwas her, ohne dafür etwas zu
erhalten.

Und mit niemals meine ich auch *niemals*! Ansonsten landen Sie in der Strategie 3 (Nachgeben), die, wie erwähnt,
die definitiv gefährlichste und unglücklichste Strategieform
überhaupt darstellt.

DIE WAHL DER RICHTIGEN STRATEGIE

Die richtige Strategie muss im Vorfeld anhand konkreter Kriterien und niemals »intuitiv« während der Verhandlungssituation gewählt werden. Um die jeweils für Sie optimale Strategie zu finden, müssen Sie nur folgende einfache Fragen beantworten:

Wie wichtig ist für unsere Seite die Verhandlung?
Die Antwort auf diese Frage ist von entscheidender Bedeutung. Fragen Sie sich, ob sich die bevorstehende Verhandlung für Sie überhaupt lohnt. Geht es wirklich um die Sache oder möchten Sie Ihrem Gegenüber zum Beispiel nur einen Denkzettel verpassen, weil sie mit ihm noch eine Rechnung offen haben?
Sie sollten sich fragen, ob Sie und Ihr Unternehmen nicht einfach ganz auf die Verhandlung verzichten können. Ein Beispiel, bei dem dies der Fall sein könnte, wären Verhandlungen mit Monopolisten.

Wie soll die Beziehung zur Gegenseite nach der Verhandlung aussehen?
Sie müssen sich entscheiden, ob Sie nach der Verhandlung noch ein gutes Verhältnis zu Ihrem Verhandlungspartner pflegen möchten, oder ob er Ihnen letztendlich egal ist. Überlegen Sie jedoch im Vorfeld sehr genau, ob Sie Ihren Verhandlungspartner für zukünftige Folgegeschäfte eventuell nicht doch noch brauchen könnten.

DAS STRATEGIEDIAGRAMM

Mithilfe einer einfachen grafischen Darstellung und den genannten Kriterien *Wichtigkeit* und *Beziehung* lässt sich die optimale Strategie wie folgt ableiten:

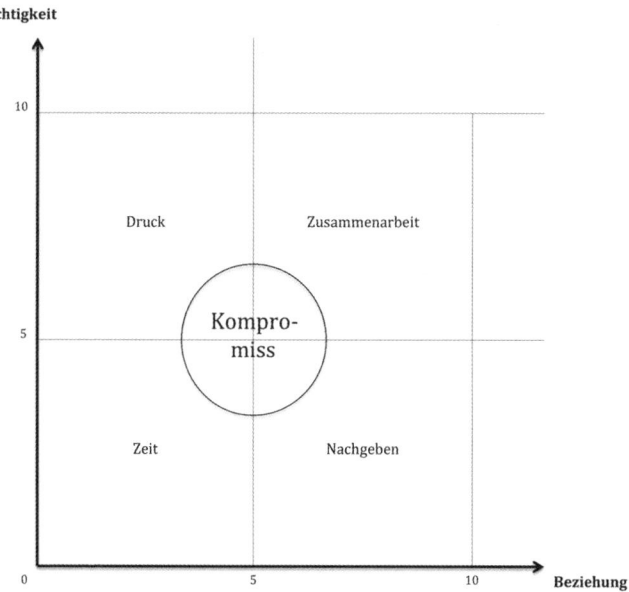

Das Strategiediagramm: So können Sie ganz einfach Ihre optimale Strategie ermitteln.

Die **x-Achse** in der Grafik zeigt die Beziehungsebene. 0 bedeutet »Ich habe kein Interesse an einer weiterführenden (geschäftlichen) Beziehung«. 10 bedeutet »Ich habe enormes Interesse an einer weiteren (geschäftlichen) Beziehung«. Die **y-Achse** zeigt die Verhandlungswichtigkeit. 0 bedeutet »Mir ist die Verhandlung vollkommen egal«. 10 bedeutet »Mir ist die Verhandlung enorm wichtig«.

Sehen wir uns das Ganze einmal in zwei Beispielanwendungen an.

Beispiel 1

Ihnen ist die Beziehung zur Gegenseite wichtig. Sie bewerten diese mit 7 Punkten auf der x-Achse.

Die Verhandlung als solche ist Ihnen ebenfalls sehr wichtig, da der zu generierende Umsatz einen großen Teil des Jahresumsatzes ausmacht. Sie bewerten die Wichtigkeit der Verhandlung mit 9 Punkten auf der y-Achse.

Die daraus ermittelte Strategie wäre also Nummer 5: Zusammenarbeit.

Beispiel 2

Ihnen ist die Beziehung zur Gegenseite nicht so wichtig, da Sie einfach nur den Deal gewinnen möchten. Sie bewerten sie auf der x-Achse mit 2 Punkten.

Die Wichtigkeit der Verhandlung bewerten Sie jedoch mit 7 Punkten.

Die daraus ermittelte Strategie wäre Nummer 2: Druck.

Mit dieser einfachen Methode können Sie anhand der beiden genannten Messachsen sehr genau auf objektiv-analytische Weise Ihre Strategie bestimmen.

PRAXISBEISPIEL

Auf einer Party spricht mich ein äußerst erfolgreicher und sehr solventer über 70-jähriger Unternehmer an. Er befindet sich in einem Scheidungskrieg mit seiner knapp 25-jährigen Ehefrau, nachdem er herausgefunden hat, dass diese auf der ganzen Welt mehrere außereheliche Liebschaften pflegt. Da er keinen Ehevertrag hat (!), bittet er mich, mich der Sache anzunehmen und durch Verhandlungstechnik seinen Verhandlungsspielraum zu vergrößern.

Ich definiere zunächst die für diesen Fall optimale Verhandlungsstrategie.

Um die Werte auf der x- und y-Achse unseres Stragegiediagramms zu ermitteln, stelle ich ihm zwei zentrale Fragen: »Wie soll Ihre Beziehung zu Ihrer Ex-Frau nach der Scheidung aussehen?« und »Wie wichtig ist Ihnen die Verhandlung?«

Seine Antworten sind klar und eindeutig: »Was mit dieser Schlampe nach der Verhandlung geschieht, ist mir – notieren Sie sich das sehr gut, Herr Dr. Abdel-Latif, sch...egal! Mir ist die Verhandlung jedoch sehr wichtig, da ich keinesfalls zulassen möchte, dass diese elende Ehebrecherin meine Villen, meinen teuren Autopark mit den erstklassigen Luxuslimousinen und die Hälfte meines Geldes erhält!«

In unserem Strategiediagramm definiere ich die Punktewerte anhand seiner Aussagen wie folgt:

x-Achse (Beziehung): 0 Punkte

y-Achse (Wichtigkeit): 10 Punkte

Die daraus resultierende Strategie lautet: Druck!

ELF PROFESSIONELLE ERFOLGSTAKTIKEN

Nachdem Sie die Strategie anhand des Strategiediagramms bestimmt haben, können Sie sich nun mit der Taktik, also der operativen Umsetzung der gewählten Strategie, befassen, um Ihr Ziel zu erreichen.

Ich stelle Ihnen hier elf einfache, aus meiner Erfahrung jedoch äußerst effiziente Erfolgstaktiken vor, die Sie einzeln anwenden oder miteinander kombinieren können. Die Liste lässt sich beliebig ausdehnen. Weitere Taktiken können Sie in meinen Verhandlungsseminaren kennenlernen.

TAKTIK 1: DEFINITION DER AGENDA

Wer die Agenda definiert, führt auch von Anfang an durch die Verhandlung. Darum sollten Sie der Gegenpartei im Vorfeld unbedingt eine schriftlich formulierte Agenda zukommen lassen. Diese Agenda sollte auf den ersten Blick oberflächlich, schwammig und sehr allgemein wirken. Wichtig ist jedoch, dass Sie nach jedem der zu behandelnden Punkte eine genaue zeitliche Vorgabe angeben.

Wenn Sie die Mail mit der Agenda an die Gegenseite verschicken, empfehle ich Ihnen, dem Anschreiben folgenden Satz beizufügen: »Sollten wir von Ihrer Seite kein Feedback erhalten, gehen wir davon aus, dass für Sie die aufgeführten Agendapunkte in Ordnung sind.«

Mit dieser einfachen taktischen Methode übernehmen Sie bereits im Vorfeld die Führung in der Verhandlung, da Sie immer wieder auf die Agendapunkte, die von der Gegenseite ja durch deren ausbleibende Reaktion akzeptiert wurden, hinweisen und nach Belieben die zeitlichen Angaben zu Ihrem Vorteil nutzen können.

Beispiel Agendavorschlag

1. Begrüßung, bisherige Zusammenarbeit (10 Min.)
2. Aktuelle Situation (20 Min.)
3. Möglichkeiten der zukünftigen Zusammenarbeit (20 Min.)
4. Konkretes Prozedere (10 Min.)

Hinweis

Vermeiden Sie bitte unbedingt den Punkt »Verschiedenes«! Damit geben Sie der Gegenseite die unerwünschte Möglichkeit, Sie in nicht diskutierte, offene und für Sie eventuell unangenehme Punkte zu verwickeln und entsprechend auszuweichen.

Mein Profi-Tipp

Akzeptieren Sie niemals die Agenda der Gegenseite! Verändern Sie immer mindestens einen Punkt, so unwichtig er auch erscheinen mag, und gestalten Sie diesen zu Ihren Gunsten. Am einfachsten ist es, wenn Sie selbst den Punkt »Verschiedenes« auf der Agenda der Gegenseite einfügen lassen.

TAKTIK 2: AKTIVES MITSCHREIBEN

Ein äußerst wichtiges taktisches Instrument ist das aktive Mitschreiben. Damit demonstrieren Sie Ihrem Gegenüber, dass Sie wirklich aktiv bei der Sache sind und seine Bedürfnisse und Interessen ernst nehmen.

Kommentieren Sie das Gesagte mit kleinen Einwürfen wie »Aha!«, »Interessant!« oder »Mhm!«. Damit ermutigen Sie Ihr Gegenüber automatisch, weiterzusprechen und Ihnen somit weitere wichtige Informationen zu geben. Die Mitschrift dient Ihnen zudem als wichtige Gedächtnisstütze im späteren Verhandlungsprozess. Besonders wörtliche Zitate Ihres Gegenübers sollten Sie unbedingt aufschreiben, da Sie diese im Gegenzug je nach Situation einbringen und zu Ihrem eigenen Vorteil nutzen können.

TAKTIK 3: ZUSAMMENFASSUNG IN EIGENEN WORTEN

Damit keine Missverständnisse entstehen und Sie Ihr Gegenüber auf Gesagtes festnageln können, empfehle ich Ihnen, in regelmäßigen Abständen Zusammenfassungen mit eigenen Worten zu formulieren.

Die Zusammenfassungen sind wichtige taktische Eckpfeiler, weil Sie damit die gemachten Aussagen in Ihren Worten so formulieren können, dass sie zu Ihrem Vorteil nutzbar sind. Im besten Fall können Sie Ihr Gegenüber schon jetzt zu unwiderruflichen Zugeständnissen bewegen, ja sogar zwingen. Redewendungen wie »Habe ich Sie richtig verstanden, dass

...?« oder »Sofern ich den Inhalt in meinen eigenen Worten wiedergeben darf, meinen Sie ...« eignen sich hervorragend, um die Zusammenfassung einzuleiten und nebenbei auch noch die eigene Wirkung und Dominanz signifikant zu erhöhen.

TAKTIK 4: GEFÜHLSÄUSSERUNGEN IN BRENZLIGEN SITUATIONEN

Es kann durchaus vorkommen, dass Ihr Gegenüber unfair spielt und unerwartet emotional wird, Sie vielleicht sogar anschreit, zu weinen beginnt oder Sie in Ihren Werten beleidigt. Das ist stets ein hervorragender Zeitpunkt, um aus der Ich-Perspektive gezielt Gefühle anzusprechen. Ich empfehle Ihnen, bei einem Wutanfall Ihres Gegenübers immer folgenden Satz zu gebrauchen: »*Ich habe das Gefühl, dass Sie ein sehr stolzer Mensch sind ...*«. Erfahrungsgemäß wird sich Ihr Gegenüber schnell beruhigen, und die Verhandlung kann mit einer gewissen, spürbaren Scham Ihres Verhandlungspartners in Ihrem Sinne weitergeführt werden.

Ebenfalls eignet sich folgende Aussage hervorragend, um Ihren Verhandlungspartner gezielt und souverän in die Defensive zu zwingen: »*Ich werde das Gefühl nicht los, dass wir in eine eher ungewollte Richtung abdriften. Ist das wirklich in Ihrem Interesse?*« Sie werden sehen, dass sich Ihr Gegenüber sehr schnell wieder beruhigt und sich sogar häufig für seinen emotionalen Ausbruch oder seine unfairen Anschuldigungen und Äußerungen entschuldigt. Außerdem versucht er, auftretende Schuldgefühle damit zu kompensieren, dass er Ihnen vermehrte Informationen liefert, die Sie wiederum im Verlauf der Verhandlung in Ihrem eigenen Interesse nutzen können.

TAKTIK 5: DIE MACHT DER STILLE

Damit eine Situation oder eine Ihrer Aussagen so richtig Wirkung entfalten kann, empfehle ich Ihnen, einfach einmal Nichts zu sagen. So einfach sich diese Taktik anhört, so schwer kann sie für manche Personen auch sein, da viele Menschen, gerade aus westlichen Kulturkreisen, Stille in einer Diskussion als nahezu unerträglich empfinden und diese unbedingt mit Worten ausfüllen müssen.

Wenn Sie plötzlich mit einem ernsten Gesichtsausdruck nichts mehr sagen, wird Ihr Verhandlungspartner dazu neigen, die drückende Stille mit Worten zu brechen. Der Verhandlungspartner fängt an, sich zu erklären, zu argumentieren, sich um Kopf und Kragen zu reden und Ihnen wichtige Informationen preiszugeben.

Tim Cook, CEO von Apple und Nachfolger von Unternehmerlegende Steve Jobs, ist laut Aussagen vieler Beteiligter ein wahrer Meister des Schweigens. Er stellt eine Frage und schweigt danach über Minuten. Wenn es ganz still ist, zieht er eiskalt einen Proteinriegel hervor, öffnet diesen langsam, sodass lediglich das Rascheln der Verpackung zu hören ist, und blickt seinen Verhandlungspartner dabei intensiv an. Dabei lehnt er sich entspannt zurück und beißt genüsslich in seinen Riegel. Sie glauben nicht, wie viele Verhandlungspartner hier schon wichtige Informationen ausgeplaudert haben, die sie eigentlich für sich behalten wollten.

TAKTIK 6: DEN VERHANDLUNGSPARTNER ZU TODE KUSCHELN

Mit dem gezielten Einsatz von Komplimenten und positiven Äußerungen kommen Sie dem Harmoniebedürfnis Ihres Verhandlungspartners entgegen, suggerieren ihm Respekt und Anerkennung seiner Fähigkeiten. Von mir ausgebildete Verhandlungsprofis überzeugen durch andauerndes Loben und dadurch, dass sie die Wertschätzung ihres Gegenübers wiederholt zum Ausdruck bringen.

Das macht es Ihrem Verhandlungspartner schwer, Sie persönlich oder unter der Gürtellinie zu attackieren. Ihr Verhandlungspartner würde sein Gesicht verlieren, wenn er unfair zu einem Menschen wäre, der sich ihm gegenüber charmant und höflich zeigt.

Diese effiziente Taktik können Sie mit Sätzen wie »Ihr Ruf als exzellenter Verhandlungsführer eilt Ihnen voraus« oder »Ich bin beeindruckt, wie hervorragend Sie sich auf unsere heutige Verhandlung vorbereitet haben!« in die Praxis umsetzen. Was Sie jedoch unbedingt vermeiden sollten, sind unecht wirkende Schmeicheleien. Der Unterschied zwischen Lob und Schmeichelei ist einfach: Beim Lob bemerken Sie die Kompetenz Ihres Verhandlungspartners, beim Schmeicheln hingegen alles andere (»Ihre Frisur sitzt wieder einmal tadellos«).

Hinweis

Im Gegenzug sollten Sie Komplimenten der Gegenseite äußerst kritisch gegenüberstehen. Bei Einladungen Ihres Verhandlungspartners zum Essen, ins Theater oder zu sonstigen Anlässen sollten Sie unbedingt ein wertentsprechendes Geschenk mitbringen. So stehen Sie niemals in dessen Schuld und können in folgenden Verhandlungen ohne Verpflichtungsgefühl und nach wie vor strategisch denken und uneingeschränkt taktisch konsequent agieren.

TAKTIK 7: IM KONJUNKTIV SPRECHEN

Der vordergründige Sinn, im Konjunktiv zu sprechen, besteht darin, dem Gegenüber zu vermitteln, dass Sie selbst noch an Lösungen arbeiten. In Wahrheit eignet sich die Konjunktivsprache aber auch hervorragend dafür, Situationen zu sondieren und sich vor allem nicht zu früh festzulegen.

Klassische Sätze wie »Könnten Sie sich vorstellen, dass …« oder »Wäre es für Sie eventuell eine Option, wenn …« eignen sich für diese Taktik hervorragend. Sie können die Konjunktivsprache auch personifizieren, indem Sie aus der Ich-Perspektive sprechen. Zum Beispiel: »Ich könnte mir durchaus vorstellen, dass …« oder »Ich wäre durchaus in der Lage …«.

Im Gegenzug sollten Sie die Konjunktivsprache Ihres Verhandlungspartners sorgfältig abwägen, da Sie es in diesem Fall definitiv mit einem Profi zu tun haben.

TAKTIK 8: ABSCHWÄCHUNG VON DROHUNGEN IN EIGENEN WORTEN

»Wenn Sie mir nicht sofort 10 Prozent Preisnachlass gewährleisten, werde ich den Deal bei der Konkurrenz unterzeichnen!« – ein klassischer Satz, mit dem Ihr Gegenüber versucht, Sie anhand einer Drohung massiv in die Ecke zu drängen. Dagegen gibt es eine hervorragende Technik: Sie wiederholen das Gesagte mit eigenen Worten, schwächen es aber dabei ab.

Hier ein Beispiel: »Ich bedanke mich für Ihre offene Kommunikation. Wenn ich Sie richtig verstanden habe, sind Sie mit unserem Angebot noch nicht ganz einverstanden und wünschen ein optimiertes Preis-Leistungs-Verhältnis.« Sie helfen so Ihrem Verhandlungspartner auch wieder aus der Festlegung heraus, ohne dass er das Gesicht verliert.

Mein Profi-Tipp

Denken Sie in den erwähnten schwierigen Situationen immer daran: Hätte der Verhandlungspartner von der Konkurrenz tatsächlich bereits ein besseres Angebot erhalten, so hätte er garantiert schon lange den Vertrag dort unterzeichnet!

TAKTIK 9: KEINE WITZE!

Aus meiner Erfahrung als Ghost Negotiator hat sich gerade in schwierigen Verhandlungen Humor nur bedingt bewährt.

Gerade in interkulturellen Verhandlungssituationen rate ich sehr von humorvollen, spaßigen Bemerkungen ab. Ich erinnere mich an eine Verhandlungssituation mit Chinesen, die einer meiner Klienten (obwohl ich ihn ausdrücklich davor gewarnt hatte!) mit einer humorvollen Bemerkung auflockern wollte: »Mein Arzt sagte mir, dass in China die Gelbsucht nur schwer zu erkennen sei ... hahaha!« Das darauffolgende Schweigen der chinesischen Geschäftsleute sprach Bände! Seien Sie zu jeder Zeit ernst, souverän und bestimmt. Wenn jemand schon von Beginn an als Clown auffällt, wird er das Image nicht mehr los, und die Verhandlungspartner nehmen ihn nicht mehr ernst.

TAKTIK 10: GEGENFORDERUNGEN INS LEERE LAUFEN LASSEN

Aus meiner Erfahrung sind gerade Engländer Meister darin, geäußerte Forderungen ins Leere laufen zu lassen. Redewendungen wie »Interesting point!« oder »In general I agree ...« mit einer anschließenden Frage eliminieren gestellte Forderungen augenblicklich, ohne dass das Gegenüber das Gesicht verliert oder seine Ernsthaftigkeit infrage gestellt wird.
Ich empfehle in der deutschen Sprache folgende Redewendungen: »Ich verstehe Ihre Sichtweise durchaus. Könnten Sie sich in diesem Zusammenhang auch vorstellen, dass ...« oder »Grundsätzlich wäre ich geneigt, Ihnen weitgehend zuzustimmen, jedoch fehlen mir in diesem Punkt noch ein paar detaillierte Informationen, die Sie mir sicherlich geben können ...«

Sie lassen nicht nur die Forderung ins Leere laufen, sondern erhöhen mit der ihrerseits eingebrachten Forderung den Druck und somit den Stresslevel auf der Gegenseite augenblicklich.

TAKTIK 11: KEINE ARGUMENTATION DER EIGENEN FORDERUNGEN

Verhandlungsanfänger neigen dazu, Ihre Forderungen immerzu mit Argumenten unterstreichen zu wollen. Begriffe wie »Qualität«, »Marktführer« et cetera sollen dem Verhandlungspartner Ihre eingebrachten Forderungen begründen. Damit geben Sie Ihrem Verhandlungspartner eine hervorragende Gelegenheit, Ihre Forderung zu attackieren und sie somit entscheidend abzuschwächen. Er könnte zum Beispiel auf folgende Weise kontern: »Ihre Konkurrenz hat ebenfalls eine hervorragende Qualität« oder »Neigen Sie etwa zur Monopolverletzung?« Das könnte Sie in Erklärungsnot bringen und Ihre Forderung – und letztendlich auch Ihre Person – schwach und angreifbar aussehen lassen. Studien haben jedoch gezeigt, dass Forderungen, die mit einer Begründung unterfüttert werden, ihre Wirkung wesentlich besser entfalten, auch wenn die Begründung als solche völlig unsinnig ist. Diese Tatsache können Sie sich zunutze machen, indem Sie allgemein formulierte, sich logisch anhörende Begründungen einbringen, die gar nicht unbedingt in direktem Zusammenhang mit der Forderung stehen müssen.

Beispiel

Verhandlungspartner: »Der Preis ist zu hoch! Wie begründen Sie das?«

Sie: »Vielen Dank. Das Pricing ist ein wichtiger Punkt. Wir arbeiten selbstverständlich seit geraumer Zeit daran, die Preise stabil zu halten. Die weltweit stark angestiegene Nachfrage zwingt den Markt zu unserem Bedauern, allgemein eine Preiskorrektur vorzunehmen.« Die Argumentation hat bei näherer Betrachtung zwar nicht wirklich eine realistische Erklärung gebracht, sie hört sich jedoch logisch an und wird daher als Begründung nicht mehr weiter hinterfragt und von der Gegenseite akzeptiert.

Mein Profi-Tipp

Weitaus wirksamer ist es, statt einer Begründung die Vorteile für Ihren Verhandlungspartner anzusprechen: »Ich könnte mir durchaus vorstellen, dass Sie mit unserem Produkt, gepaart mit Ihrer ausgesprochenen Kompetenz, im Nu einen deutlichen Vorteil gegenüber Konkurrent XY generieren würden. Wäre das nicht in Ihrem Interesse?«

ZUSAMMENFASSUNG

Definieren Sie Ihr Maximal- und Minimalziel nach dem SMART-Prinzip und fixieren Sie die Grenzen schriftlich.

Anhand einer einfachen mathematischen Grafik bestimmen Sie Ihre Strategie, welche die Marschrichtung darstellt. Vermeiden Sie grundsätzlich die Strategien »Nachgeben« und »Kompromiss in der Mitte«.

Nachdem Sie die Strategie definiert haben, machen Sie sich einen konkreten Plan, mit welchen taktischen Instrumenten Sie die Strategie operativ umsetzen möchten. Denken Sie dabei besonders an die »Agenda«, die »Konjunktivsprache« und an die »Macht der Stille«!

TESTFRAGEN

➡ Was ist der Unterschied zwischen Strategie und Taktik?

➡ Nach welcher Formel definieren Sie Ihre Verhandlungsziele?

➡ Welche fünf Verhandlungsstrategien kennen Sie?

➡ Von welchen Strategien ist abzusehen? Warum?

➡ Wie viele Verhandlungstaktiken können Sie benennen?

AUF DIESE »DIRTY TRICKS« SOLLTEN SIE BESONDERS ACHTEN

1. DIE CHINESISCHE WASSERFOLTER-FALLE

Der gegnerische Verhandlungsführer stellt kontinuierlich und wiederkehrend, unabhängig von Ihrer Antwort, die gleiche Forderung, mit dem Ziel, Sie weichzuklopfen und mürbe zu machen.

Mein Profi-Tipp
Ignorieren Sie die unterbreitete Forderung konsequent und kommentieren Sie diese auf keinen Fall. Führen Sie die Gegenseite in eine Sackgasse, indem Sie die Verhandlung bis auf Weiteres abbrechen und so den Druck auf der Gegenseite ins Unermessliche ansteigen lassen.

2. DIE HÖHERE-AUTORITÄTSFALLE

Im entscheidenden Moment erklärt Ihnen der gegnerische Verhandlungsführer, dass er keine Entscheidung treffen könne, da er die Sachlage noch mit seinem Vorgesetzten besprechen müsse.

Mein Pofi-Tipp
Brechen Sie die Verhandlung so lange ab, bis Sie persönlich mit dem (scheinbaren) Vorgesetzten und Entscheidungs-

träger sprechen und verhandeln können. Die Begründung formulieren Sie so: »Ich bin nun doch etwas irritiert. Ich bin davon ausgegangen, dass ein Mann (eine Frau) Ihres Kalibers genug Fach- und Entscheidungskompetenz hat, hier eine Meinung zu äußern. Aber wissen Sie was: Terminieren wir doch gleich gemeinsam einen Termin mit Ihrem Vorgesetzten. Bis dahin ziehe ich mein Angebot bis auf Weiteres zurück!«

Sichtbare Dominanz

»Das Auge isst mit« – ein weiser Spruch, den jeder Feinschmecker bestätigen kann. Ein hervorragendes Essen, das jedoch nicht entsprechend optisch angerichtet ist, wird dem Genießer schon vor dem ersten Bissen nicht halb so viel Vergnügen bereiten wie ein durchschnittliches Menü, das jedoch äußerlich attraktiv gestaltet ist.

In der Geschäfts- und letztendlich auch in der Verhandlungswelt gilt dasselbe Gesetz. Ihr visueller Eindruck kann Ihrem Verhandlungspartner bereits vor dem ersten gesprochenen Wort Ihre Kompetenz, Souveränität und Dominanz vermitteln – oder eben nicht.

Visuelle Dominanz entsteht aus einer Vielzahl von Accessoires und Verhaltensmustern, die ich im folgenden Kapitel etwas näher beleuchten möchte.

RING

Haben Sie schon mal beobachtet, wie Boxer den Ring betreten?

Bei meinem Weltmeisterschaftskampf am 30. November 2013 in Zürich hatte ich meinen Auftritt im Vorfeld minutiös geplant und pompös inszeniert. Ich ließ einige Wochen zuvor einen Film drehen, der mich beim harten Training zeigt (YouTube: http://www.youtube.com/watch?v=PiwtSOhmi2I). Die Musikwahl sollte mit »Highway to Hell« von AC/DC beim Publikum den Adrenalinspiegel steigen lassen und letztendlich auch meinen Gegner, den amtierenden Europameister Bernd Schäfer, gezielt unter starken Druck setzen. Ein exzellentes Team aus Technikfreaks nebelten die Bühne ein und beleuchtete mich von hinten, sodass lediglich mein Schatten und meine Konturen erkennbar waren. Eine überaus imposante und beeindruckende Erscheinung, wie Sie sich sicherlich gut vorstellen können. Ich ging sehr langsam auf den Ring zu, ruhig, aber konzentriert, begleitet von meinen Betreuern rechts und links von mir. Beim Eintritt in den Ring lief ich direkt auf meinen Gegner zu, störte somit sein Territorium und blickte ihm tief in die Augen, ohne eine Emotion zu zeigen. Der ganze, wirklich bis auf jede Sekunde geplante und inszenierte Auftritt hatte nur einen einzigen Zweck: Meinen Gegner zu beeindrucken, ihn unter Stress zu setzen und vor dem ersten Schlagabtausch allen anwesenden (auch den Schiedsrichtern) zu zeigen, wer »der Chef im Ring« ist. Mit überaus großem Erfolg! Die dadurch provozierte Nervosität und Angst meines Gegners verleitete ihn gleich zu Anfang des Kampfes zu schwerwiegenden Fehlern. Diese nutzte ich eiskalt mit harten Gegentreffern aus und unterstrich so meine bis dahin visuelle Dominanz nun auch mit Schlägen, die für ihn schmerzhaft und demütigend waren. Im Verlauf des Kampfes geriet mein Gegner immer mehr in die untergeordnete Rolle, was an seiner nonverbalen Kommunikation deutlich ersichtlich war (Kopfschütteln, Blick auf den Boden, Wut, Ärger, Diskussionen mit den Schiedsrichtern). Als er durch meinen blitzschnellen Drehkick zur Leber einen Niederschlag erlitt, wusste ich, dass ich seinen Willen definitiv gebrochen hatte. Mein Konzept ging auf und ich verließ nach sechs harten Runden als Weltmeister den Ring.

BUSINESS

Häufig investieren wir sehr viel Energie und Ressourcen, um die rationalen Elemente einer Verhandlung vorzubereiten, um Strategien und Taktiken zu entwickeln und den Verhandlungspartner zumindest auf Papier unter Druck zu setzen. Was jedoch bei den meisten Verhandlungsführern in der Vorbereitung fatalerweise zu wenig Beachtung findet, ist die Planung des eigenen visuellen Auftritts. Schon da können Macht und Dominanz eindrucksvoll demonstriert werden, mit dem Ziel, den Verhandlungspartner von Anfang an in eine unterwürfige Situation zu zwingen.

In meinen Seminaren bilde ich die Teilnehmer und Teilnehmerinnen darin aus, wie sie den »Verhandlungsring« betreten sollen, um sich bereits vor dem ersten gesprochenen Wort durch gewisse Tricks und Techniken möglicherweise entscheidende Vorteile zu verschaffen. Genauso wichtig ist es jedoch, sich im Gegenzug nicht durch den Auftritt der Gegenseite beeindrucken zu lassen.

Der eigene Auftritt sollte unbedingt in Übereinstimmung mit dem Gesamtkonzept geplant werden. Unerfahrene Verhandlungsführer sollten ihn als wichtiges taktisches Element und Instrument verstehen und im Vorfeld jenseits des Verhandlungstisches gezielt einüben und trainieren.

PLANUNG UND VORBEREITUNG DES VERHANDLUNGSAUFTRITTS

Bevor Sie den eigentlichen Verhandlungsauftritt planen und inszenieren, müssen Sie mindestens die folgende Checkliste bearbeitet haben:

CHECKLISTE VERHANDLUNGSVORBEREITUNG

- Ziele (Minimal-Maximal)? Einigung-Nichteinigung?
- Strategie: Zeit? Druck? Nachgeben? Kompromiss? Zusammenarbeit?
- Machtverhältnisse auf der eigenen Seite?

Mein Gegenüber

- Liegen mir (doppelt geprüfte!) Informationen über Eigenschaften der Gegenseite vor?
- Was für ein Typ ist er? (Narzisst, Hysteriker, Kontrollfreak?)
- Welchem Kulturkreis gehört mein Verhandlungspartner an?
- Welche »red points« und »black holes« sind eventuell schon bekannt?

Meine Person

- Was möchte ich erreichen?
- Wie möchte ich als Person wahrgenommen werden?
- Wie muss ich wahrgenommen werden, um mein definiertes Verhandlungsziel zu erreichen?

CHECKLISTE AUFTRITTSINSTRUMENTE

Es gibt eine ganze Menge Instrumente, die Ihren bevorstehenden Verhandlungsauftritt unterstützen und die Wahrnehmung auf der Gegenseite beeinflussen können – sei es positiv oder – im ungewollten Fall – auch negativ.

Kleidung

Die Wahl der »richtigen« und für die angestrebte Wirkung passenden Kleidung ist eines der Hauptinstrumente, die einen ersten Eindruck bei Ihrem Verhandlungspartner hinterlassen. Sie sollten sich in der Wahl der Kleidung unbedingt der Situation anpassen. Wer mit Greenpeace-Aktivisten verhandelt und im Armani-Designeranzug daherkommt, hat schon verloren, bevor er überhaupt das erste Wort gesprochen hat. Ebenfalls wäre es fatal zu einer Verhandlung mit Bankern in Shorts und Sandalen zu erscheinen, es sei denn, Sie setzen dies als taktisches Instrument bewusst ein, um Ihr Gegenüber wie auch immer gezielt zu beeinflussen. Ich erlaube mir jedoch zu erwähnen, dass Sie für Letzteres ein absoluter Profi sein müssen, der sein Fach grandios beherrscht. Experimente empfehle ich in dieser Situation nicht. Ich selbst habe je nach Situation bei Verhandlungen bewusst abgewetzte Jeans und Sweatshirts getragen, mit dem einzigen Ziel, vom Gegenüber unterschätzt zu werden. Aber wie gesagt: Dafür müssen Sie ein ausgekochter Profi sein, der durch sein Können und Wissen in der Situation der Unterschätzung gezielte Überraschungsangriffe durchführen kann.

Im Top-Executive-Bereich und gerade im interkulturellen Rahmen ist Businessanzug bzw. Kostüm einfach Pflicht – basta! Ich rate Ihnen, grundsätzlich gute, zum Outfit passende und vor allem saubere Schuhe zu tragen. Eine meiner namhaftesten Klientinnen hat mir einmal gesagt, dass für sie die Wahl der Schuhe sehr viel über eine Person aussagt und sie diese beim ersten Eindruck besonders intensiv ins Visier nimmt und inspiziert. Jedoch neigen nicht nur weibliche Verhandlungsführer aus meiner Erfahrung zu dieser Beobachtung. Sneakers, Flip-Flops, Sandalen und Ähnliches sind in der Businesswelt tabu und werden gerade im interkulturellen Kontext je nach Land sogar als Beleidigung und Respektlosigkeit empfunden.

Hinweis

Die Farbe Rot wird insgesamt als dominant empfunden. Ich empfehle Ihnen, Ihr Outfit mit einem roten Accessoire auszustatten (Krawatte, Manschettenknöpfe, Schal, Einstecktuch, Handtasche). Sie stechen so außerdem aus der Menge heraus und hinterlassen bei der Gegenseite bereits vor der ersten Verhandlungsrunde einen bleibenden und markanten Eindruck.

Statussymbole

Eine nicht zu unterschätzende Wirkung erreichen Sie mit dem gezielten Einsatz von Statussymbolen. Gerade im Top-Executive-Segment und im interkulturellen Kontext kann die Art, wie welche Statussymbole präsentiert werden, positive (oder bei Fehlen eben negative) Aufmerksamkeit wecken.

Einige der wichtigsten Statussymbole habe ich Ihnen wie folgt aufgelistet:

Herren

Manschettenknöpfe: Golden, eventuell mit eigenen Initialen versehen.

Uhr: Markenuhr. Keine Fälschung! Gerade in Bankerkreisen gilt die Uhr als besonders aussagekräftiges Statussymbol. Je höher der Status und die Position, desto teurer die Uhr.

Füllfederhalter: Verträge sollten niemals mit einem Kugelschreiber, sondern mit einem edlen Füllfederhalter unterzeichnet werden.

Auto: In manchen Kulturen sollten Sie Ihren Auftritt mit einem adäquaten Vehikel unterstreichen. In einigen Ländern (z.B. arabischer Raum) empfiehlt es sich, einen Fahrer anzumieten, der Sie, Ihrem Status entsprechend, zum Verhandlungsort chauffiert. Alles andere würde Sie in ein ärmliches und unwürdiges Licht stellen und Ihre Verhandlungskompetenz bereits im Vorfeld stark infrage stellen.

Damen

Schmuck: Ringe, Ohrringe und eine kleine, dezente, jedoch edle Uhr gehören zur Grundausstattung.

Körperbetonte Kleidung ist, sofern Sie die Figur dazu haben, sogar sehr gerne gesehen und kann Ihnen unbewusst Vorteile bei männlichen Verhandlungspartnern verschaffen. Aber wie gesagt: Wenn Sie nicht die Figur dazu haben, sollten Sie einen schlichten, jedoch eleganten Business-Anzug in eher dunkleren Farben wählen.

Ansonsten gilt für die Damen dasselbe, was auch für die Herren gilt.

Eintritt in den Verhandlungsraum und Begrüßung

Der Eintritt in den Verhandlungsraum gehört zu einem der wichtigsten Momente überhaupt. Die Parteien sind nervös, der Adrenalinspiegel schießt nach oben, eine gewisse Anspannung ist auf beiden Seiten spürbar.

Im Vorfeld sollte ein Mitglied Ihres Teams damit beauftragt werden, die Kollegen vom eigenen Team mit Titel, Namen und Verantwortungsbereich vorzustellen.

Sie sind Gast

Ein Mitglied (nicht zwangsläufig der Verhandlungsführer) Ihres Teams tritt in den Raum und übernimmt gleich zu Beginn das Wort. Er begrüßt das gegnerische, bereits anwesende Verhandlungsteam und stellt die anwesenden Teammitglieder mit Titel, Namen und Verantwortungsbereich vor. Aber bitte nicht mit Verhandlungsführer, Beobachter et cetera! Das sollte nicht auf Anhieb transparent sein! Erst nachdem sich das Gastgeberteam ebenfalls vorgestellt hat, nehmen Sie auf den Ihnen zugewiesenen Stühlen Platz.

Hinweis

Ich empfehle Ihnen unbedingt, nach dem Eintritt in den Verhandlungsraum zwei Schritte auf die Gastgeber zuzumachen, die Hand auszustrecken und dann stehenzubleiben. Das zwingt den Verhandlungspartner, »von seinem Thron« aufzustehen. Sie übernehmen so automatisch unbewusst eine gewisse dominante Führungsrolle und erscheinen nicht als Bittsteller. Wenn der Gastgeber sich nicht erhebt und Ihnen so den Handschlag verweigert, steht er als Flegel da und erleidet bereits jetzt einen selbstverschuldeten Gesichtsverlust, der allen Anwesenden äußerst negativ auffallen wird.

Sie sind Gastgeber

Nachdem das gegnerische Verhandlungsteam den Raum betreten hat, bleiben Sie noch zwei Sekunden sitzen, stehen erst dann auf und strecken Ihre Hand zum Gruß aus. Bleiben

Sie jedoch unbedingt stehen und lassen Sie den Verhandlungspartner auf Sie zukommen. So demonstrieren Sie Ihre Stärke und natürliche Autorität. Auch hier stünde der Gast als Flegel da, wenn er Ihre Begrüßung nicht sofort erwiderte und auf Sie zukommen würde.

Sitzordnung

Grundsätzlich empfehle ich, Verhandlungen an einem runden, respektive ovalen Tisch zu führen. Eckige Tische sind zu vermeiden, denn sie geben den Anwesenden unbewusst das Gefühl eines Schlachtfeldes. Die Teams sollten sich nicht wie Terrier gegenübersitzen. Schon mit der Einrichtung (freundliche und beruhigende Farben: Blau, Brauntöne, Blumen) können Sie eine angenehme Atmosphäre schaffen, die von den anwesenden Personen bewusst oder unbewusst aufgenommen wird. Getränke und kleinere Imbisse gehören natürlich auch unbedingt dazu.

Freies Sprechen

Gerade in Verhandlungssituationen ist freies Sprechen unabdingbar, um Wirkung zu erzielen, Souveränität zu demonstrieren und in den wichtigen Situationen richtig reagieren zu können. Wer kontinuierlich abliest, wirkt steif und hölzern. Außerdem riskieren Sie so, Ihre dominante Wirkung erheblich zu reduzieren und im schlimmsten Fall Ihre Verhandlungspartner gar zu langweilen.

CHECKLISTE NONVERBALE TECHNIKEN FÜR ERHÖHTE DOMINANZ

Politiker-Technik

Wichtige Standpunkte sollten in der Verhandlungssituation im Vorfeld vor einem Spiegel eingeübt werden. Achten Sie besonders auf Ihre Handbewegungen und Gesten. Ein wichtiger Standpunkt sollte unbedingt mit einer entsprechenden Gestik der Hände betont werden. Schauen Sie sich Videos von berühmten Politikern an und konzentrieren Sie sich auf deren Handbewegungen und Gesten. Imitieren und trainieren Sie diese.

Zettel-Technik

Unabdingbar sind Zettel, auf denen Sie Ihre Notizen vermerken, um unter Stress die wichtigen Punkte nicht zu vergessen und präzise wiederzugeben. Ihr Verhandlungspartner wird Ihre damit suggerierte dominant erscheinende Konzentration bewusst oder unbewusst registrieren. Ebenfalls vermeiden Sie so ein Abdriften in Geschwafel, das nicht nur für alle Anwesenden langweilig, sondern auch tödlich für Ihr angestrebtes dominantes Wirkungsbild wäre.

Al Pacinos »Scarface«-Trick

Meinen persönlichen Favoriten, der seine Wirkung praktisch nie verfehlt, habe ich bereits in jungen Jahren von einem Hollywood-Klassiker übernommen. In meinem Lieblings-

Mafia-Film »Scarface« spielt Al Pacino einen extrem dominanten und skrupellosen kubanischen Drogendealer, der den amerikanischen Markt erobert. Mir ist dabei aufgefallen, dass er seine Dominanz dem Gesprächspartner gegenüber anhand einer einfachen Technik zusätzlich betont.

Vor dem ersten gesprochenen Wort müssen Sie direkten Augenkontakt zu Ihrem Gegenüber aufnehmen. Das wirkt souverän und baut unbewusst Spannungen ab.

Wen Ihr Gegenüber spricht, schauen Sie leicht zur Seite weg. Sobald Sie jedoch selbst das Wort ergreifen, fixieren Sie Ihr Gegenüber mit starrem Blick, teilweise ohne zu Blinzeln. Ich habe diese Technik selbst in vielen Verhandlungssituationen angewendet und extrem perfektioniert. Meine Klienten erlernen diese Technik in meinen Seminaren und Consultings – das Feedback ist stets überwältigend!

TRICKS FÜR SOUVERÄNES UND BESSERES FREIES SPRECHEN

Es gibt eine Menge Tricks und Techniken, die Ihr freies Sprechen erheblich verbessern werden. Die folgenden Kniffe sind allesamt mehrfach erprobt und einfach erlernbar.

Atem-Übungen

Legen Sie sich auf den Rücken und legen Sie sich ein Buch auf den Unterbauch. Atmen Sie tief durch die Nase ein nach ganz unten in den Bauch, in Richtung Buch. Beim Atmen schwingen die Stimmbänder wesentlich geschmeidiger. Mit dieser Atmung wirken Sie selbst unter großer Anspannung entspannt und sehr souverän.

Finger spreizen

Menschen neigen dazu, unter Stress Ihre Stimmlage unbewusst zu erhöhen, was je nach Ursprungsstimmlage ungewollt einen »Micky-Maus-Effekt« provozieren kann.

Dagegen hilft folgender Trick: Sobald Sie merken, dass sich Ihre Stimmlage in die Höhe verändert, spreizen Sie Ihre Finger unter dem Tisch. Dadurch wird Ihre Stimme sofort wieder tiefer und sonor. So vermitteln Sie Ihrem Verhandlungspartner selbst in stressigen und emotionalen Situationen einen konstant gelassenen und souveränen Eindruck.

Der Korken-Trick

Gerade in Stresssituationen neigen viele dazu zu nuscheln. Ich empfehle Ihnen folgenden Trick, den ich von einem bekannten Schauspieler gelernt habe: Lesen Sie ein Buch mit einem Korken im Mund laut vor. Damit erhöhen Sie Ihre Aussprachedeutlichkeit auch unter Drucksituationen signifikant.

GETRÄNKE

Die Wahl der Getränke kann sich ebenfalls stark auf Ihre Stimme auswirken.

Gut: Lauwarmes, stilles Mineralwasser. Ihre Stimme bleibt geschmeidig und verliert Ihren natürlichen Klang nicht.

Schlecht: Sehr kalte oder heiße Getränke, Milchgetränke. Hier riskieren Sie, Ihre natürliche Tonlage leicht, aber unvorteilhaft zu verändern, was von der Gegenseite als unangenehm und negativ empfunden werden kann.

ZUSAMMENFASSUNG

Dominanz, Souveränität und Verhandlungskompetenz lassen sich anhand einiger einfacher Tricks bereits im Vorfeld deutlich demonstrieren.

Die sorgfältige Auswahl von Kleidung und Statussymbolen lässt Sie in den Augen Ihres Verhandlungspartners als besonders kompetenten und somit ernstzunehmenden Verhandlungsführer erscheinen.

Inszenieren Sie Ihren Auftritt und steigen Sie für alle Anwesenden sichtbar selbstbewusst und souverän in den Verhandlungsring.

Trainieren Sie Ihre Stimme darauf, dass sie auch unter Stress und Druck ruhig und sonor klingt. Üben Sie Ihre Gestik und freies Sprechen im Vorfeld vor dem Spiegel.

Verwenden Sie besonders »Al Pacinos Scarface-Technik«, um Ihren Verhandlungspartner Ihre deutliche Überlegenheit im Unterbewusstsein spüren zu lassen.

TESTFRAGEN

➡ Was möchten Sie mit einem guten Auftritt erreichen?

➡ Sind Statussymbole wichtig? Wann? Warum?

➡ Welchen Einfluss kann die Sitzordnung auf den Verhandlungsverlauf haben?

➡ Welche nonverbalen Techniken kennen Sie, um Ihre Dominanz zu steigern?

➡ Erklären und demonstrieren Sie vor dem Spiegel den »Scarface«-Trick!

➡ Wie trainieren Sie freies Sprechen?

AUF DIESE »DIRTY TRICKS« SOLLTEN SIE BESONDERS ACHTEN

1. DIE »AM-ALTAR-STEHEN-LASSEN«-FALLE

Sie stehen kurz vor einer (scheinbaren) Einigung, da bricht das gegnerische Team die Verhandlung überraschend um fünf vor zwölf ab und lässt Sie quasi ohne das Jawort zitternd am Altar stehen, mit dem Ziel, weitere Konzessionen zu erzwingen.

Mein Profi-Tipp

Fallen Sie auf keinen Fall darauf herein und brechen Sie die Verhandlung selbst »bis auf Weiteres« ab. Nehmen Sie für mindestens 30 Tage keinen aktiven Kontakt zur Gegenseite auf. Wenn der gegnerische Verhandlungsführer Sie vorher anruft, lassen Sie »aus Zeitgründen« mindestens noch eine Woche bis zur Wiederaufnahme der Gespräche vergehen.

2. DIE »WIR-MÜSSEN-DEN-PUNKT-XY-NACHVERHANDELN«-FALLE

Nach Vertragsunterzeichnung meldet sich die Gegenpartei mit der Bitte, den Punkt XY nachzuverhandeln, da nun »neue, jedoch relevante Detailinformationen« aufgetaucht sind.

Mein Profi-Tipp

Sagen Sie einfach »Nein!« Machen Sie die Gegenpartei darauf aufmerksam, dass sie ansonsten den Vertrag bricht und die dort (hoffentlich!) vermerkte Strafregelung bei Vertragsbruch (Penalty) zur Geltung kommen würde. Danach sind Sie für die Gegenpartei für mindestens 30 Tage nicht mehr erreichbar.

Manipulation

Manipulation – oft wird dieses Wort unter einem negativen Aspekt gesehen. Darunter verstehe ich Handlungen, um das Gegenüber so zu beeinflussen, dass ich mein im Vorfeld definiertes Ziel erreiche. Die gängige Verhandlungsliteratur rät fast immer dringend davon ab, Manipulationstechniken anzuwenden. Das ist nur ein weiterer Beweis dafür, dass manche selbsternannten »Verhandlungsexperten« wohl noch nie selbst Teilnehmer in einer harten Verhandlung waren. Manipulation ist allgegenwärtig. Nicht nur im Business, auch in unserem Alltag sind wir unentwegt verschiedensten Manipulationen ausgesetzt. Nehmen wir doch einmal die Werbung: Konsumenten wird täglich suggeriert, warum das Produkt X besser als das Produkt Y sein soll. Schokoriegel werden aufgrund ihres Milchgehaltes als »besonders gesund für Kinder« angepriesen, künstliche Energy-Drinks versprechen Ihnen »Flügel« zu verleihen und der Verführerblick von Hollywood-Beau George Clooney soll uns das Gefühl geben, unter dem Einfluss einer gewissen Kaffeesorte wie ein Hollywoodstar die Frauenwelt betören zu können. Frauen schminken sich und kaufen für viel Geld hohe Schuhe, um auf die (männliche) Umwelt besonders attraktiv zu wirken, während die Männer sich mit teuren Autos ausstatten, um Ihre Männlichkeit zu betonen. Sie sehen also, dass wir tagtäglich sowohl manipuliert werden als auch selbst andere bewusst oder unbewusst manipulieren. Warum also sollten wir uns in schwierigen Verhandlungsprozessen gewisse Techniken nicht zunutze machen, um die Wahrscheinlichkeit eines Verhandlungssieges auf unserer Seite drastisch zu erhöhen?

Im folgenden Kapitel werde ich Ihnen einige einfache nonverbale und verbale Manipulationstechniken näherbringen, die ich häufig anwende und die ihre Wirkung praktisch nie verfehlen.

Sollten Sie zur Spezies »Mahatma Gandhi« gehören, für die Manipulation unmoralisch und gemein ist, dann lohnt es sich trotzdem, sich mit diesem Kapitel vertraut zu machen – es könnte ja durchaus sein, dass Ihr zukünftiger Verhandlungspartner noch nie etwas von Gandhi gehört hat und alles daran setzt, seine Ziele durchzusetzen. Für solche Fälle sind Sie so wenigstens gewappnet.

RING

In der Kampfsportwelt, aus der ich komme, gehört jegliche Art von Manipulationstechniken zum normalen Alltag. Mal werden Blessuren imitiert, um dem Gegner eine nicht vorhandene eigene Einschränkung und somit einen Vorteil für ihn zu suggerieren, mal werden wichtige Pressetermine abgesagt, um das Gegenüber nervös und unsicher zu machen. Vor meinem Weltmeisterschaftskampf im Kickboxing habe ich selbst eine einfache Manipulationstechnik angewendet, um meinen Gegner Bernd Schäfer bereits im Vorfeld zu beeinflussen.

Zwei Monate vor dem erwähnten Weltmeisterschaftskampf hatte ich zugesagt, im Rahmen meiner Vorbereitung in der gut besetzten Amateur-Europameisterschaft in Österreich zu kämpfen. Ich wusste, dass mein zukünftiger WM-Gegner, der österreichische Spitzenkämpfer Bernd Schäfer, aus denselben Beweggründen daran teilnehmen würde. Auch war ich überzeugt davon, dass Bernd Schäfer am besagten Turnier meinen Kampfstil studieren wollte, um für die bevorstehende WM-Nacht gewappnet zu sein. Zwei Tage vor Turnierstart sagte ich meine Teilnahme ohne Begründung ab! Ich beauftragte jedoch einen befreundeten Kämpfer, der selbst am Turnier teilnahm, das Gerücht zu verbreiten, dass ich an einer schmerzhaften Hüftverletzung litt, die meine stärkste Waffe, die blitzschnellen Kicks, stark einschränkte. Weiter verbreitete er, dass ich mich aufgrund der Verletzung in einem psychischen Tief befände und mich nicht mehr richtig aufs Training konzentrieren könnte. Dadurch hätte inzwischen meine Form schon merklich gelitten.

Diese Fehlinformation wurde so bewusst in das Kampflager meines zukünftigen WM-Gegners übermittelt. Ich ließ mir sagen, dass Bernd Schäfer die Freude über meine (angebliche) Verletzung deutlich ins Gesicht geschrieben war und er sich damals bereits als zukünftigen Weltmeister sah.

Berauscht von seiner Freude über meine angebliche Verletzung bemerkte er auch nicht, dass mein Mann ihn vor Ort bei seinen eigenen Kämpfen filmte. Die Filmaufnahmen halfen mir enorm in meiner Vorbereitung, da ich so Schäfers Schwächen erkennen und zu meinem Vorteil nutzen konnte. Nie werde ich Schäfers Ausdruck vergessen, als er in der Kampfnacht gleich in der zweiten Runde durch meine Spezialtechnik, einen blitzschnellen Drehkick auf die Leber durch mein (angeblich) »geschwächtes« Bein, schwer zu Boden ging und sich vor Schmerzen wand. In diesem Moment wurde ihm schlagartig bewusst, dass er einem simplen Manipulationstrick erlegen war. Seine dadurch auftretenden und für alle sichtbaren negativen Emotionen, gepaart mit Angst, beeinträchtigten seinen Kampfstil in der Folge stark.

Das Ergebnis der WM-Kampfnacht ist bekannt: Zwei Niederschläge und über 20 Trefferpunkte mehr sicherten mir mit 42 (!) Jahren souverän den WM-Titel.

BUSINESS

Gerade wenn entscheidende Verhandlungssituationen anstehen, sollten Sie aufhören, an das Märchen der »Vermeidung von Manipulationstechniken« zu glauben. Ihr Verhandlungspartner manipuliert Sie und Ihr Verhandlungsteam. Sie sollten zumindest seine Versuche bereits im Ansatz erkennen und so schwerwiegende Fehler vermeiden können.

Ich erinnere Sie daran, dass es in diesem Buch darum geht, Ihre Verhandlungsinteressen konsequent durchzusetzen – also gehen Sie bitte auch entsprechend konsequent vor und erwägen Sie zumindest, sich durch die folgenden einfachen Manipulationstechniken entscheidende Vorteile zu verschaffen. Die Palette der Manipulationstechniken ist schier unerschöpflich.

Bedenken Sie jedoch, dass auch das gegnerische Verhandlungsteam durchaus ähnliche Manipulationsversuche anwenden könnte und, sofern es Profis sind, auch wird. Darum ist deren Kenntnis für einen ausgebufften Verhandlungsexperten wie Sie von entscheidender Wichtigkeit, um nicht leichtsinnig darauf hereinzufallen.

UNVORTEILHAFTE SPEISEN UND GETRÄNKE

Als Gastgeber empfehle ich Ihnen, sofern Sie sich bereits jetzt einen ersten Vorteil verschaffen wollen, den Gästen stark zuckerhaltige Getränke und Speisen zu servieren (Orangensäfte, kohlensäurehaltige Softdrinks, Kuchen, Schokoladestückchen). Damit wird der von der Bauchspeicheldrüse beeinflusste Insulinspiegel Ihrer Verhandlungspartner sofort emporschießen. Die Folge davon ist nach einem kurz andauernden Pseudo-Energieschub ein unausweichliches, durch den hohen Insulinspiegel ausgelöstes Zuckertief, das zu Konzentrationsmangel und Müdigkeit führen wird. Ebenfalls empfehle ich Ihnen, Ihrem Verhandlungspartner »zur Energiegewinnung« leckere, fruchtige Traubenzuckerdrops zu reichen. Der ebenfalls aufgrund desselben Insulin-Phänomens folgende Müdigkeitseffekt ist beeindruckend und unübersehbar!

Im Gegenzug sollten Sie selbst grundsätzlich nur stilles Mineralwasser und vor allem proteinhaltige Speisen zu sich nehmen. Mayonnaisehaltige Thunfischsandwiches, Kuchen, stark zuckerhaltige Energieriegel et cetera. sind für Sie vor und während der Verhandlung ab sofort tabu!

VERBREITUNG FALSCHER INFORMATIONEN

Die Verbreitung falscher und irreführender Informationen vor einer wichtigen Verhandlung gehört zu den wohl häufigsten angewandten und erfahrungsgemäß effektivsten Manipulationstechniken. Hier eignen sich besonders sogenannte »K-Männer« (wie in Kapitel 1 bereits beschrieben), die Sie gezielt für diesen Zweck einsetzen können.

Unter »K-Männern« verstehe ich Kontaktpersonen im gegnerischen Unternehmen, die Informationen gewollt oder ungewollt weiterverbreiten. K-Männer sind also Mitarbeiter, die häufig unbewusst Informationen an beide Seiten weitergeben. Es sind manchmal schwatzhafte Personen oder Mitarbeiter, die besonders freundlich, kompetent und gut dastehen wollen, die durch diese Eigenschaften als K-Männer genutzt werden können. K-Männer sind häufig im Sekretariat, im mittleren Kader oder in Positionen mit dem Schwerpunkt Telefonieren anzutreffen.

Spielen Sie diesen Menschen bewusst falsche Informationen über Ihr Unternehmen und die bevorstehende Verhandlung zu. Im Gegenzug erfragen Sie, soweit vorhanden, selbst Informationen über das gegnerische Unternehmen, die für Sie relevant sein könnten.

Aus Erfahrung weiß ich, dass jedes Unternehmen K-Männer hat, das bedeutet, dass auch bei Ihnen garantiert K-Männer zu finden sind, die firmeninterne Angelegenheiten nach außen ausplaudern. Nutzen Sie diese somit ab sofort zur Verbreitung von Gerüchten und Falschinformationen an die Gegenseite.

Hinweis

Prüfen Sie jegliche an Sie gelangten Informationen über die Gegenseite doppelt über unabhängige Quellen! Eine Information, die nicht durch Sie persönlich über den erwähnten »Doppelcheck« geprüft wurde, ist bis zum Beweis ihrer Wahrheit mit äußerster Vorsicht zu genießen, da es durchaus eine bewusst zugespielte, manipulative Falschinformation sein könnte.

EINFLUSS DER SITZORDNUNG

Bereits die Sitzordnung kann einen erheblichen Einfluss auf die Verhandlung und deren Verlauf haben. Grundsätzlich empfehle ich Ihnen als Gastgeber, Ihre Verhandlungspartner mit dem Blick zum Fenster zu platzieren. Das teilweise grelle Licht ermüdet die Augen mit der Zeit und kann so zu erheblichem Konzentrationsmangel führen und in der Folge ungewollte Fehler provozieren.

Um das Wohlbefinden auf der Gegenseite zusätzlich negativ zu beeinflussen, eignen sich unbequeme Stühle, die Sie als Sitzplätze anbieten.

Sollten Sie selbst sich bei einem Verhandlungsgespräch mit diesen Tricks konfrontiert sehen, verlangen Sie unbedingt, dass die Rollläden heruntergelassen und Ihnen andere Stühle gereicht werden (»Ich habe ein Rückenleiden ...!«).

IGNORIEREN GEWISSER PERSONEN

Ein einfacher Trick, der jedoch immer wieder hervorragend funktioniert, ist die folgende Technik. Bei der Personenvorstellung ignorieren Sie gekonnt eine im Vorfeld bestimmte Person. Sie reichen ihr nicht die Hand, lassen deren Argumente mit gelangweiltem Blick aus dem Fenster unkommentiert versanden und demonstrieren so Ihre Gleichgültigkeit. Die Person wird sicherlich, sofern Sie kein ausgebuffter Profi ist, einen hohen Stresspegel aufbauen, der, wie wir gesehen haben, das rationale (logische) Denken beeinflussen wird. Zusätzlich auftretende negative Emotionen werden diesen Effekt erheblich verstärken. In einer Verhandlungspause nehmen Sie überraschenderweise freundlich, aber direkt Kontakt zu dieser Person auf und sagen ihr, dass sie schon erstaunt sind, wie sehr ihr der Rückhalt der eigenen Firma fehle, da man sie Ihnen nicht einmal richtig vorgestellt hat. Die Zielperson wird Ihnen aufgrund des stressbedingten, fehlenden rationalen Denkens diesen unwahren Sachverhalt glauben und die angestaute Wut auf die eigenen Teammitglieder projizieren. Das wiederum wird zu Fehlern auf der Gegenseite führen, die Sie – wie immer – eiskalt zu Ihren Gunsten ausnutzen können.

GOOD GUY – BAD GUY

Ein einfaches, jedoch äußerst effektives Mittel, das immer wieder gerne besonders bei Einkäufern Verwendung findet, ist das »Good Guy – Bad Guy«-Spiel.

Zwei Teammitglieder werden im Vorfeld bestimmt. Eines soll sehr wohlwollend (»Good Guy«), das andere merklich aggressiv-negativ (»Bad Guy«) auftreten.

In der jeweiligen Verhandlungssituation äußert sich zuerst der »Bad Guy« mit hohen Forderungen und einer für alle sichtbaren Arroganz und Überheblichkeit. Der »Good Guy« nimmt scheinbar die Partei der Gegenseite ein und relativiert die Aussage des »Bad Guy« mit einem niedrigeren Angebot. Nun fangen beide Teammitglieder an miteinander zu feilschen und zu argumentieren, bis ein »klar für die Gegenseite vorteilhafter Preis« im Raum steht, der als Anker gesetzt ist. In der Auffassung der Gegenseite wird der genannte Preis (welcher natürlich immer noch zu hoch ist) weitgehend akzeptiert.

Eine andere Variante ist folgende: Der »Bad Guy« verlässt nach mehreren lautstarken Attacken auf das gegnerische Verhandlungsteam den Raum. Der »Good Guy« bleibt zurück und suggeriert dem gegnerischen Team seine Sympathie mit folgenden Worten: »Ich muss mich für meinen Kollegen entschuldigen! Sein Verhalten ist wirklich unannehmbar! Ich bin völlig Ihrer Meinung. Ich könnte mich sicherlich bei der Geschäftsleitung für Sie einsetzen. Dafür müssten Sie mir jedoch den Punkt XY (Forderung einbringen) garantieren können. So ließe sich mit großer Wahrscheinlichkeit eine für Sie positive Einigung erreichen!« Die Verhandlungspartner kooperieren plötzlich mit dem »Good Guy« und machen Zugeständnisse, um ihn auf ihre Seite zu schleusen.

Wenn Ihr Verhandlungspartner das Spiel mit Ihnen spielen möchte, lehnen Sie sich entspannt zurück, genießen Sie die Inszenierung bis zum Schluss und kommentieren Sie diese wie folgt: »Das ist wirklich die beste Good-Guy-Bad-Guy-Show, die ich je gesehen habe – Kompliment! Lassen Sie uns nun aber wieder zu den eigentlichen Verhandlungspunkten zurückkehren. Wir haben keine weitere Zeit zu verlieren, da wir in einer Stunde bereits einen nächsten Termin mit Ihrer Konkurrenz wahrnehmen müssen!« Damit haben Sie der Gegenseite klar mitgeteilt, dass Sie ein wahrer Profi sind.

RHETORISCHE MANIPULATION

Sie erkennen einen professionellen Verhandlungsführer daran, dass er gezielt Stresssituationen herbeiführen kann und herbeiführen wird. Das geschieht häufig sehr subtil und ist für den geübten Verhandlungsexperten an kleinsten Provokationen erkennbar. Durch den ausgelösten Stress wird das rationale Denken der Zielperson deutlich eingeschränkt, nur schwierig beeinflussbare Reflexe kommen zutage. Dadurch wird der Gestresste verleitet, sich zu rechtfertigen und sich in der Verhandlung manipulieren und bestimmen zu lassen. Grundsätzlich unterscheiden wir zwischen der verbalen und der nonverbalen Provokation.

NONVERBALE PROVOKATION

Den Redner aus der Fassung zu bringen und in Stress zu versetzen, bedarf lediglich der Kenntnis folgender plumper, jedoch sehr effektiver Tricks. Dabei muss gar nichts gesagt werden, es genügen schon kleine, gezielte Gesten und Handlungen. Hier nun einige Formen der nonverbalen Provokation.

Mürrisches Murmeln
Kleine, fast nicht verständliche Zwischenkommentare sollen den Redefluss Ihres Gegenübers stören.

Kopfschütteln

Wichtig sind hier andauernde, jedoch nur diskrete »Nein«-Bewegungen. Besonders effektiv ist diese Technik, wenn Sie dazu noch zusätzlich die Lippen zusammenpressen und den Blickkontakt zu Ihrem Verhandlungspartner vermeiden.

Ironisches Lächeln

Ihr Lächeln muss für alle Beteiligten künstlich und unnatürlich aussehen. Auch hier können Sie die negative Wirkung auf Ihren Verhandlungspartner erhöhen, wenn Sie Ihr Kinn senken, jedoch den Blickkontakt permanent erwidern und Ihre Schultern leicht nach oben ziehen.

Wegschauen

Während Ihr Verhandlungspartner sein Angebot ausführt, schauen Sie scheinbar verträumt in eine andere Richtung und demonstrieren damit klares Desinteresse.

Dauergrinsen

Fast nichts kann besonders emotional gesteuerte und stolze Menschen so schnell aus der Fassung bringen wie das statische Dauergegrinse der Gegenseite. Besonders große Wirkung entfalten Sie, wenn Ihr Grinsen in ernsthaften, emotionalen Verhandlungssituationen für alle Beteiligten sichtbar zum Vorschein kommt.

Reden mit Anwesenden

Fast schon ein Garant, dass Sie Ihren mit Inbrunst referie-renden Verhandlungspartner aus dem Konzept bringen, ist es, einfach mitten im Satz des Vortragenden mit anderen Anwesenden ein Gespräch anzufangen und ihm keinerlei weitere Beachtung zu schenken.

Desinteresse demonstrieren

Fangen Sie an, während des Referates Ihres Verhandlungs-partners in irgendwelchen Unterlagen zu blättern, den Blick abschweifen zu lassen, vermehrt auf die Uhr zu sehen und mit Stiften herumzuspielen. Wichtig ist es, einfach gelang-weilt zu wirken.

VERBALE PROVOKATION

Nicht immer müssen persönlich treffende Worte benutzt werden, um den Verhandlungspartner in akuten Stress zu versetzen. In erster Linie ist es das Ziel der verbalen Pro-vokation, den Redner aufs Glatteis zu führen, ihn in Wider-sprüche zu verwickeln, vom Thema abzulenken und somit seine Gedanken und Handlungsweisen zu manipulieren.

Thema wechseln

Hier führen Sie den referierenden Verhandlungspartner mit plötzlichen Einschüben bewusst von seinem Thema weg.

Beispielsätze

»Wo Sie dies gerade erwähnen, fällt mir ein, dass ...«

»Interessante Ausführung! Dabei kommt mir gerade in den Sinn, dass ...«

Kontermöglichkeiten

»Toller Einwand Herr Kollege, der jedoch nicht zielführend zum Thema beiträgt!«

»Danke – gerne können wir dies später diskutieren!«

»Besten Dank, unsere Agenda zwingt uns jedoch, die zeitlichen Vereinbarungen einzuhalten. Daher schlage ich vor, dass wir bei unserem nächsten Meeting eventuell darauf zurückkommen!«

Ungläubigkeit demonstrieren

Damit sabotieren Sie bewusst einen Vorschlag der Gegenseite.

Beispielsätze

»Ich versteh das beim besten Willen nicht. Wie kommen Sie denn überhaupt zu dieser unverständlichen Theorie?«

»Ihre Angaben stimmen doch hinten und vorne nicht!«

Kontermöglichkeit

»Schade!« Daraufhin sprechen Sie einfach weiter.

»Was genau ist Ihnen denn unklar, Herr Kollege?«

Columbo-Trick

Mimen Sie im Sinne des berühmten Filmkommissars den naiven Ahnungslosen, der die Zusammenhänge beim besten Willen nicht versteht. Lassen Sie sich die zu diskutierenden Punkte immer und immer wieder erklären.

Effekt: Ihr Gegenüber verliert den roten Faden, muss sich häufig wiederholen, wird ungeduldig und gibt in seiner genervten Erklärungswut zu viele Informationen preis.

Beispielsätze

»Hmmm ... also, ich habe da immer noch meine Probleme, dies zu verstehen. Vielleicht können Sie mir das nochmals etwas genauer erklären ...!«

»Ich kapier's einfach nicht!« (dabei den Kopf schütteln, Lippen zusammenpressen und den Blick senken)

Kontermöglichkeit

»Welchen Punkt genau möchten Sie denn nochmals erläutert haben?«

Achten Sie bitte hierbei unbedingt darauf, bei der Erklärung nicht mehr Informationen als nötig von sich preiszugeben.

Unlogische Fragen stellen

Eine Technik für wahre Kampfrhetoriker. Sie unterbrechen Ihr Gegenüber mit kurzen, geschlossenen, unangenehmen und nicht ganz logischen Fragen.

Beispielsätze

»Finden Sie, das sei ernsthaft ein gutes Angebot?«

»Was möchten Sie denn jetzt konkret damit sagen?«

»Was bezwecken Sie mit dieser Aussage?«

Kontermöglichkeiten

»Ja, das finde ich gut!«

»Ich verstehe Ihre Frage nicht!«

Verdeckte Beleidigungen

Ein herrliches Mittel, das Gegenüber aggressiv zu machen, ist es, mit dem Finger auf ihn zu zeigen, ohne ihn jedoch direkt zu beleidigen.

Beispiele

Sie sagen also anstatt »Da habe ich mich leider nicht deutlich ausgedrückt!« besser »Sie verstehen mich völlig falsch!« Oder »Können Sie mir sagen, was Sie sich von solchen Aussagen versprechen?«

Bei sicht- und hörbaren Aggressionen Ihres Gegenübers können Sie das Gespräch aufgrund dieser »unsachgemäßen, hinderlichen, andauernden Provokationen von Herrn Vorstandsvorsitzenden Meier« bis auf Weiteres beenden und die Verhandlung abrupt abbrechen.

Kontermöglichkeit

Unbedingt Ruhe bewahren. Die Macht der Stille walten lassen, Ihr Gegenüber fixieren und erst nach mindestens zehn

Sekunden antworten: »Ich möchte gerne am besagten Punkt fortfahren ...« und Ihre Ausführung nahtlos weiterführen.

Kein Detail vernachlässigen

Sie mimen eine Person, die kein Detail vernachlässigen möchte.

So zwingen Sie Ihr Gegenüber wiederum wichtige Informationen preiszugeben. Diese Technik wirkt vor allem bei zeitlich gebundenen Verhandlungspartnern hervorragend.

Beispiel

»Ich wehre mich nicht gegen Ihren Vorschlag. Er scheint mir einfach noch nicht sorgfältig genug durchdacht. Lassen Sie uns die Punkte noch einmal analysieren.«

Kontermöglichkeit

Reagieren Sie darauf ruhig mit: »Sicherlich werden Sie im Verlauf dieser Verhandlungsrunde die Zusammenhänge verstehen!«

MEIN PROFI-TIPP

Vor einer Verhandlungsrunde sollten Sie einige Manipulationsbeispiele und Techniken unbedingt konkret einüben und verinnerlichen, sodass Sie selbst unter großem Stress und in Drucksituationen darauf zurückgreifen können.

PRAXISBEISPIEL

Ein bekannter Großhändler hat mich damit beauftragt, seine Einkäufer für eine bevorstehende Verhandlung mit einem in der Branche als »tough« bekannten Lieferanten vorzubereiten und den Prozess zu begleiten. Sie müssen sich vorstellen, dass Einkaufs-Verkaufsverhandlungen im Lebensmittel- und Großkundensektor wohl zu den härtesten, teilweise auch lautesten und schwierigsten Verhandlungen überhaupt gehören. Die Verhandlungsteams schenken sich nichts, es wird bis zum Gehtnichtmehr um jeden Cent gefeilscht. Dabei sind rüde Umgangsformen keine Seltenheit und gehören in manchen Betrieben fast schon zum Verhandlungsstandard.

Nach Studium des Falles und Analyse der Fakten, fällt mir auf, dass ein neuer, relativ junger Verkäufer von der Gegenseite ins Rennen geschickt wird. Ich finde heraus, dass dieser erst seit wenigen Monaten in dieser Branche tätig ist und somit noch nicht viel Verhandlungserfahrung hat. Aufgrund dieses Vorwissens wähle ich für den bevorstehenden Prozess unter anderem die »Good Guy – Bad Guy«-Technik aus und trainiere Einzelheiten mit dem Einkäuferteam ein.

Unser Team soll mit zwei Personen am Verhandlungstisch erscheinen, während der junge Verkäufer alleine angemeldet ist.

Ich wähle für die bevorstehende Verhandlung bewusst den unangenehmsten, kleinsten und drückendsten Raum aus, den das Unternehmen zu bieten hat. Am besagten Tag er-

scheint der junge Verkäufer mit einem feinen Anzug bekleidet pünktlich um 9 Uhr morgens im Unternehmen. Ich habe die Empfangsdame angewiesen, ihn direkt in den kargen, fensterlosen Verhandlungsraum zu führen. Es wird ihm bewusst ein unbequemer, wenn auch vom Design her eher moderner Stuhl gereicht. Getränke oder Esswaren stehen nicht bereit. Nun lassen wir den Jüngling geschlagene 90 Minuten warten. Während dieser Zeit sitzt er alleine im Verhandlungsraum und wartet demütig auf das Erscheinen der Einkäufer. Gerade dieses unterwürfige Warten zeigt mir, dass er definitiv kein Profi sein dürfte, da jeder andere an seiner Stelle nach spätestens 15 Minuten den Raum verlassen und einen neuen Termin in Aussicht gestellt hätte. Ein Mitglied des Einkaufsteams habe ich instruiert, die »böse« Rolle zu übernehmen. Konkret soll er arrogant, überheblich, laut, persönlich aggressiv und vor allem mit großem verbalen Druck auftreten. Das zweite Mitglied soll sich gerade in der Anfangsphase zurückhalten und eher passiv verhalten. Er nimmt jedoch im fortgeschrittenen Verhandlungsprozess die »gute« Rolle ein, die nett, wohlwollend, lobend und vor allem kompromissbereit ist.

Die Verhandlung beginnt wie vereinbart: Unser »böser« Einkäufer tritt mit festem Schritt in den Raum, würdigt den jungen Verkäufer keines Blicks und nimmt gleich gegenüber Platz, während der »gute« Einkäufer den Jüngling herzlich begrüßt, ihn nett anlächelt und seine ausgesprochene Freude ausspricht, mit einem »besonders kompetenten und hervorragend ausgebildeten Kollegen« verhandeln zu dürfen.

Die Verhandlung beginnt direkt mit hohen Forderungen des »bösen« Einkäufers. Diese beinhalten unter anderem nicht einhaltbare Lieferfristen, übertriebene Garantien, aufwendige Qualitätskontrollen und natürlich eine erhebliche Preissenkung von 18 Prozent (!) auf den bisherigen Preis. Der junge Verkäufer sitzt schockiert da und versucht seinen Preis mit einer »besonders hohen Qualität und einer Liefergarantie« zu begründen. Der »böse« Einkäufer sagt nichts und schaut den Verkäufer mit stechendem Blick an. Nach einer gefühlten Ewigkeit schreit er ihn plötzlich an: »Was denken Sie eigentlich, wen Sie hier vor sich haben? So eine inkompetente Person wie Sie habe ich in all meinen Jahren noch nie erlebt! Wir haben vier Konkurrenzangebote vorliegen, die in allen Punkten besser sind als das Ihrige! Ich werde persönlich dafür sorgen, dass man Sie aus Ihrem Unternehmen rauswirft! Eine Schweinerei ist das, uns so eine Nulpe zu schicken! Jetzt muss ich mich erst mal beruhigen und eine Zigarette rauchen ...« Wutentbrannt stürzt der Einkäufer aus dem Raum und schlägt die Türe hinter sich zu. Der sichtlich schockierte junge Verkäufer sitzt mit Angstschweißperlen auf der Stirn bleich in seinem Stuhl, ein leichtes Händezittern ist erkennbar. Nun kommt der große Moment unseres »guten« Einkäufers. Er spricht mit leiser, jedoch freundlicher und warmer Stimme. »Ich muss die unflätige Reaktion meines Kollegen entschuldigen. Unglaublich ... er benimmt sich in letzter Zeit des Öfteren so, was unserer Geschäftsleitung auch schon aufgefallen ist. Ich denke, ich muss auch noch-

mals mit dem Vorstandsvorsitzenden sprechen, mit dem ich regelmäßig Golf spiele ... so geht das nicht weiter. Warten Sie, ich lasse Ihnen einen Kaffee bringen ...« (verlässt den Raum und kommt mit einer Tasse Kaffee und ein paar Keksen zurück).»Wissen Sie, ich kenne Ihr Unternehmen schon seit vielen Jahren. Ich habe, unter uns gesagt, gerade in letzter Zeit darüber nachgedacht, mich bei Ihnen zu bewerben.« Der junge Verkäufer entspannt sich zunehmend und zeigt sich sichtlich erleichtert über den nun äußerst angenehmen Ton unsers Einkäufers. »Ich bin auf Ihrer Seite. Passen Sie auf: Ich treffe mich morgen mit dem Vorstandsvorsitzenden im Golfclub. Ich kann Ihnen garantieren, dass ich mich persönlich für Sie einsetzen und dafür sorgen werde, dass wir unser Bestellvolumen zukünftig bei Ihnen erhöhen werden. Wenn Sie mir nur 7 Prozent Preisreduktion garantieren können, kriege ich das bestimmt auch im Vorstand durch – aber ich bräuchte Ihre Zusage jetzt und hier. So könnten wir gemeinsam noch meinen unangenehmen Kollegen Schachmatt setzen. Wir sind doch ein Team, oder?« Sie ahnen es bereits: Der junge Verkäufer machte nebst einer Preisreduktion von 7 Prozent noch weitere »kleinere« Zugeständnisse. Ich sollte noch erwähnen, dass der junge Verkäufer mittlerweile nicht mehr für den Lieferanten tätig ist ...

ZUSAMMENFASSUNG

Manipulationstechniken eignen sich hervorragend, um unseren Verhandlungspartner zu steuern – jedoch sollten Sie diese nur ausführen, wenn Sie sie auch perfekt beherrschen. Ansonsten riskieren Sie eine Enttarnung, und diese würde sich negativ auf Ihre Glaubwürdigkeit auswirken. Sie sollten aber unbedingt mit den wichtigsten Manipulationstechniken vertraut sein, um nicht selbst darauf hereinzufallen.

Wie wir gesehen haben, können unter anderem Sitzordnung, Speisen und Getränke, aber auch rhetorische Techniken dazu eingesetzt werden, den Verhandlungserfolg wie beschrieben entscheidend zu beeinflussen.

TESTFRAGEN

➠ Was verstehen Sie unter Manipulation?

➠ Warum sind die Kenntnisse von Manipulationstechniken für eine Verhandlung so wichtig?

➠ Welche konkreten Manipulationstechniken kennen Sie?

AUF DIESE »DIRTY TRICKS« SOLLTEN SIE BESONDERS ACHTEN

1. DIE »ENERGY-DROPS«-FALLE

Ihnen werden von der gegnerischen Seite mit einem netten Lächeln Traubenzuckerdrops angeboten und eine ganze Packung vor Ihnen auf den Tisch gelegt. Ziel ist es, Sie anhand des ansteigenden Insulinspiegels und des darauffolgenden Blutzuckerabfalls müde und unkonzentriert werden zu lassen.

Mein Profi-Tipp
Lehnen Sie angebotene Süßigkeiten konsequent mit dem Satz »Danke – ich habe gerade ein schmerzhaftes Zahnproblem!« nett lächelnd ab.

2. DIE TELEFON-FALLE

Scheinbar zufällig ruft Sie der Verhandlungsführer der Gegenseite mit den Worten an: »Ich habe gerade an Sie gedacht. Vielleicht könnten Sie mir im Punkt XY wie folgt entgegenkommen: ...«. Was Sie nicht wissen, ist, dass der Anrufer perfekt und detailliert auf das Gespräch vorbereitet ist, fünf Ordner vor sich liegen hat und auf zwei Bildschirme starrt. Zudem hat er seine Lautsprecheranlage eingestellt und sechs weitere Personen folgen der Konversation. Sie hingegen werden kalt erwischt, sind gedanklich nicht bei der Sache und laufen Gefahr, in dieser Situation Fragen unüberlegt zu beantworten und Zugeständnisse zu machen.

Mein Profi-Tipp

Brechen Sie das Gespräch unbedingt ab, mit der Begründung »Ich kann jetzt nicht sprechen, weil ich gerade in einer Sitzung bin« und fordern Sie den Anrufer auf, Ihnen sein Anliegen per E-Mail zu senden. So können Sie sich in aller Ruhe damit befassen und gezielt auf ein telefonisches Verhandlungsgespräch vorbereiten.

Beurteilungsfehler

Der erste Eindruck zählt – das hat jeder von uns nur allzu oft schon erlebt, bei Bewerbungsgesprächen, Meetings, Dates und sonstigen beruflichen und privaten Situationen. Treffender ist meiner Meinung nach jedoch der Satz »Der erste Eindruck ist nur sehr schwer zu revidieren!«

Wir neigen dazu, Menschen anhand bestimmter Schemata einzuordnen, zu beurteilen und letztendlich auch zu bewerten. Diese Bewertung beeinflusst unser Handeln und unsere Entscheidung häufig unbewusst, aber dennoch entscheidend. Das führt häufig zu fatalen und teuren Fehlern.

Das Gute daran ist, dass sich unser Verhandlungspartner genauso durch Beurteilungsfehler lenken und beeinflussen lässt. Diese Tatsache hingegen können wir einmal mehr zu unserem Vorteil ausnutzen.

RING

In den 28 Jahren, die ich im aktiven Kampfsportgeschehen verbracht habe, hat sich folgende Weisheit tief in mein Gehirn gebrannt:

Unterschätze *niemals* deinen Gegner!

Auch ich habe die unangefochtene Wahrheit dieses Spruchs äußerst schmerzhaft am eigenen Leib erlebt:

Als ich im zarten Alter von 18 Jahren das erste Mal die Schweizer Meisterschaften im Kickboxen gewann, fühlte ich mich, ganz normal für einen postpubertierenden Teenager, nahezu unschlagbar. Ich begann, mein Training zu vernachlässigen. Die heuchlerische Aufmerksamkeit, die ich von all den Schulterklopfern in meinem Umfeld erhielt, genoss ich zudem in vollen Zügen. Einige Monate später sollte ich einen Kampf im Fürstentum Liechtenstein absolvieren. Nichts Besonderes, ein kleines Turnier, ohne nennenswerte Bedeutung.

Mein Gegner war ein mir unbekannter Kämpfer aus dem Fürstentum selbst. Sein Äußeres würde ich eher als schmächtig und unscheinbar beschreiben. Was mir jedoch für einige Sekunden auffiel, war seine unglaubliche Ruhe in der Garderobe. Er beobachtete mich unentwegt aus dem Augenwinkel. Ich hingegen, strotzend vor Arroganz und Selbstbewusstsein, beachtete ihn nicht weiter. Ich war zu sehr mit der Aufmerksamkeit der vielen Bewunderer beschäftigt. Kaum richtig aufgewärmt betrat ich die Kampffläche. Meinen Gegner grüßte ich kaum, nahm meine Kampfposition ein und fühlte mich plötzlich irgendwie komisch. Der Schiedsrichter gab den Kampf frei, ich tänzelte elegant umher und – wurde vom wohl härtesten Kick meines Lebens direkt am Kopf getroffen! Meine jugendliche Arroganz sollte mit den schmerzhaftesten und demütigendsten zwei Runden meines Lebens schwer bestraft werden. Der »unscheinbare, schmächtige« Gegner deckte mich mit Schlag- und Kickkombinationen ein und ließ mich im wahrsten Sinne des Wortes »alt« aussehen. Ich verlor den Kampf natürlich haushoch nach Punkten. Seit jenem Tag schwor ich mir, in welcher Lebenssituation auch immer, mein Gegenüber unabhängig von Status, Kleidung, Form oder Auftreten niemals – und damit meine ich wirklich *niemals* – mehr zu unterschätzen! Dieses eiserne Prinzip hat mich bis zum heutigen Tag begleitet und mir besonders in Verhandlungssituationen jede Menge Ärger erspart.

BUSINESS

Unternehmen und Top-Executives wenden sich häufig erst dann an mich als Ghost Negotiator, wenn »der Karren so richtig im Dreck« steckt. Die Verhandlungsprozesse gestalten sich nicht wie erwartet, sondern werden erheblich durch »nicht vorhersehbare Ereignisse« gestört. Bei meiner Analyse des bisherigen Verhandlungsverlaufs entdecke ich immer wieder, dass sich hinter den »nicht vorhersehbaren Ereignissen« nichts anderes als eine fatale Unterschätzung des Verhandlungspartners verbirgt. Aussagen wie »das hätten wir dem Kerl wirklich niemals zugetraut« untermauern meine Vermutung häufig.

Vorangegangene, jahrelange gute und vertrauensvolle Geschäftsbeziehungen, ein zu lockerer Umgang mit dem Verhandlungspartner oder gar eine schlichte Unterschätzung seiner Fähigkeiten führen häufig zur genannten Situation.

Besonders fatal ist es, wenn sich ein Verhandlungsführer vom ersten Eindruck, den er vom Verhandlungspartner gewonnen hat, beeinflussen und leiten lässt.

ACHT BRANDGEFÄHRLICHE BEURTEILUNGSFEHLER

Es gibt jede Menge klassische, aus der gängigen Human-Resource-Literatur bekannte Beurteilungsfehler. Die folgenden acht Beurteilungsfehler sollten Sie sich als Verhandlungsprofi unbedingt verinnerlichen, da sie meiner Erfahrung nach besonders häufig vorkommen.

1. ÜBERTRAGUNGSFEHLER

Unser Verhandlungspartner erinnert uns an eine Person, die uns in der Vergangenheit begegnet ist, oder mit der wir in irgendeiner Weise zu tun hatten. Der Fehler besteht darin, dass wir die Schlussfolgerung ziehen, der Verhandlungspartner habe die gleichen Eigenschaften wie die uns bekannte Person.

Beispiel
»Habt ihr gesehen? Unser Verhandlungspartner erinnert mich extrem an Dr. Müller – und der war ja wirklich eine große Flasche!«

2. ÄHNLICHKEITSFEHLER

Wir neigen dazu, Personen als sympathisch einzustufen, wenn wir gewisse gemeinsame Eigenschaften erkennen können.

Beispiel
»Der geht genauso akribisch vor wie ich – das zeigt den wahren Profi!«

3. LOGISCHER FEHLER/VORURTEIL

Aufgrund eines existierenden, allgemeingültigen Klischees neigen wir dazu, übereilte Schlüsse zu ziehen.

Beispiel

»Das Verhandlungsteam besteht nur aus Chinesen! Die gelten ja als ganz besonders ausgebufft und gefährlich!«

4. PROJEKTIONSFEHLER

Wir erkennen eine an uns selbst ungeliebte Eigenschaft in unserem Verhandlungspartner.

Beispiel

»Ist euch aufgefallen, wie unordentlich der Verhandlungsführer seine Papiere vorbereitet hat? Das kann ja nur ein absoluter Chaot sein!«

5. PERPETUIERUNG

Wir haben ein Urteil über eine Person gefällt und suchen nun krampfhaft nach Anzeichen, die dieses Urteil bestätigen.

Beispiel

»Mir ist aufgefallen, dass der brasilianische Verhandlungsführer immerzu unsere Sekretärin angestarrt hat. Ich habe euch ja gesagt, dass er ein Frauenheld ist!«

6. BESONDERHEIT VON SIGNALEN

Stottern oder ähnliche »Auffälligkeiten« unseres Gegenübers beeinflussen unsere Denk-und Urteilsfähigkeit.

Beispiel

»Herr Meier schielt – das irritiert mich zunehmend!«

7. HIERARCHIE-EFFEKT

Hierarchisch höher gestellte Personen werden als besonders kompetent eingestuft.

Beispiel

»Herr Dr. Meier ist CEO des Unternehmens. Sicherlich ist er ein knallharter Verhandlungsführer!«

8. SYMPATHIEFEHLER

Personen, die uns besonders sympathisch erscheinen, werden unbewusst besser bewertet als unsympathisch erscheinende.

Beispiel

»Ein feiner Kerl, dieser Dr. Müller. Der wird uns definitiv nicht über den Tisch ziehen wollen!«

Mein Profi-Tipp

Gehen Sie die klassischen Beurteilungsfehler mit Ihrem Verhandlungsteam vor dem ersten Aufeinandertreffen mit der Gegenseite nochmals durch. So sind Sie immun und begehen zumindest in dieser Phase keine fatalen und teuren Fehler.

ZUSAMMENFASSUNG

Lassen Sie sich vom ersten Eindruck auf keinen Fall zu Fehlschlüssen verleiten.

Wenn Sie die klassischen Beurteilungsfehler kennen, laufen Sie weniger Gefahr, Ihren Verhandlungspartner falsch einzuschätzen, ihn zu unter- oder gar zu überschätzen.

TESTFRAGEN

➡ Warum ist der Spruch »der erste Eindruck zählt« für Verhandlungsprozesse so gefährlich?

➡ Welche klassischen Beurteilungsfehler kennen Sie?

➡ Welche Maßnahme können Sie mit Ihrem Team ergreifen, um vor einer Verhandlung nicht auf den fehlerhaften ersten Eindruck hereinzufallen?

Macht

Die heutige Gesellschaft verlangt zumindest öffentlich Anstand, Demokratie und Fairness von uns. Wir müssen uns heutzutage davor bewahren, als allzu machthungrig wahrgenommen zu werden. Was ich persönlich davon halte? Gar nichts! Macht ist ein herrliches Mittel, Einfluss auf Menschen, Verhaltensweisen und Vorgänge zu nehmen. Sind wir machtlos, so empfinden wir uns als überflüssig und schwach – und werden nebenbei gerade in der Geschäftswelt von außen auch so wahrgenommen und behandelt.

Der berühmte Renaissance-Diplomat Niccolò Machiavelli schrieb einst in Kapitel 15 seines Werks *Il Principe*: »Ein Mensch, der immer nur das Gute möchte, wird zwangsläufig zugrunde gehen inmitten von so vielen Menschen, die nicht gut sind.« Gerade in schwierigen Verhandlungssituationen besitzt Macht einen riesigen Stellenwert. Mächtig scheinende Verhandlungsführer werden als dominant und respekteinflößend wahrgenommen. Diese Wahrnehmung zwingt das Gegenüber, ungewollte Kompromisse oder Zugeständnisse einzugehen und eingebrachte Forderungen still und demütig zu akzeptieren.

Nun entscheiden Sie selbst: Möchten Sie lieber zu jenen Menschen gehören, die andere Menschen dazu bringen, sich Ihrem Willen zu fügen, oder gehören Sie lieber zu jenen Personen, die immerzu nach der Pfeife anderer tanzen möchten?

RING

Macht war für mich ein besonders effektives Instrument, um meine zahlreichen Gegner schon vor dem eigentlichen Kampf entscheidend zu beeinflussen. Mein Ziel war es, ihre Handlungsweisen zu meinen Gunsten zu steuern und zu beeinflussen. Schon in jungen Jahren verstand ich, dass Macht interessanterweise grundsätzlich in den Köpfen der Gegenpartei entsteht und selten auf echten Tatsachen beruht.

Während meiner aktiven Wettkampfzeit nutzte ich dieses Instrument äußerst effektiv. Ich wusste, wenn ich meinem Gegner mächtig erschien, konnte ich seine Handlung so steuern, dass ich bereits vor dem ersten Schlagabtausch entscheidende Vorteile daraus ziehen konnte. Ich nutzte meine vergangenen Turniererfolge, um Macht bei meinen zukünftigen Kampfgegnern zu suggerieren. So ließ ich etwa über eigene K-Männer meine vergangenen Siege als besonders demütigend und schmerzhaft für meine Gegner hochstilisieren. Es wurde also beispielsweise fast schon legendenartig erzählt, dass mein letzter Gegner, ein bekannter türkischer Kämpfer, die härteste Niederlage seiner aktiven Laufbahn erlitten hätte und danach sogar in eine schwere Depression verfallen sei. Solche und ähnliche Geschichten hatten nur ein einziges Ziel: Mich im Kopf meines zukünftigen Gegners als übermächtig erscheinen zu lassen. Diese Macht beeinflusste die Handlungsweisen meiner Gegner teilweise so stark, dass sie den Kampf schon vor dem ersten Schlagabtausch verloren hatten, da sie, überwältigt von meiner Macht, die eigenen Kampfabläufe nicht mehr steuern und kontrollieren konnten und schwerwiegende Fehler begingen. Ich erinnere mich an jenen Kampf, in dem mein Machtspiel dermaßen Wirkung zeigte, dass mein Gegner, ein bekannter Kämpfer aus St. Gallen, mich während drei voller Runden Kampfzeit nicht ein einziges Mal traf, ja nicht einmal berührte! Er »fraß« nahezu alle meine Kicks und harten Treffer, ohne sich zu wehren! Das Machtspiel hatte hier also hervorragend funktioniert und starke Wirkung gezeigt.

BUSINESS

Gerade in schwierigen Verhandlungsprozessen spielt das Thema Macht eine unglaublich wichtige und zentrale Rolle. Nun verrate ich Ihnen ein Geheimnis: Während meiner Beratungszeit als Ghost Negotiator habe ich bemerkt, dass meine Klienten ihre eigene Macht häufig unterschätzen, die Macht der Verhandlungspartner hingegen grundlos überschätzen. Gerade wenn kleinere Unternehmen mit scheinbaren Monopolisten in Verhandlungen treten, ist dieser Effekt besonders stark erkennbar. Wenn Sie überzeugt sind, dass Ihr Verhandlungspartner mächtiger ist als Sie, werden Sie garantiert dermaßen negativ beeinflusst, dass Ihre Kompetenz und Ihr Kampfwille eingeschränkt sind. Eigentlich haben Sie die Verhandlung unter diesen Bedingungen schon im Vorfeld verloren und sollten gar nicht an den Verhandlungstisch treten. Sie werden Fehler begehen und groteske Zugeständnisse machen, da Ihnen die (scheinbare) Macht Ihres Gegenübers lähmende Angst einflößt und Ihren Stresspegel in die Höhe schnellen lässt. Wie wir in den vorherigen Kapiteln gelernt haben, blockiert übermäßiger Stress das logisch-rationale Denken entscheidend, was wiederum Fehler auf der eigenen Seite provoziert.

Betrachten wir zur Veranschaulichung folgendes Beispiel aus der Praxis:

Ein großer, privater Klinikverband mit riesigem Netzwerk und großem politischen und wirtschaftlichem Einfluss im Gesundheitssektor hat in einer tragenden Gesundheitszeitung eine Stelle ausgeschrieben. Es wird eine Fachfrau für Krankenpflege (während meiner ärztlichen Tätigkeit durfte man dafür noch ohne Weiteres den Begriff »Krankenschwester« benutzen) als Stationsleiterin gesucht.

Frau Meier, eine jüngere und gut qualifizierte Fachkraft, interessiert sich für diese Stelle und bewirbt sich auf die ausgeschriebene Position. Einige Tage später flattert ein Brief ins Haus. Frau Meier wurde von der Klinik auf ein Vorstellungsgespräch eingeladen. Ihre enge »Freundin«, welche die Absichten von Frau Meier kennt, ist entsetzt: »Du hast doch keine Chance! Weißt du denn nicht, wie einflussreich und mächtig die sind? Da werden sich nur die Besten bewerben. Vergiss es!«

Sie begann sich über die Aussage Ihrer »Freundin« Gedanken zu machen. Sie brachte durch einen Bekannten, der bereits in der besagten Klinik tätig war, in Erfahrung, dass die Stelle bereits seit einem Jahr unbesetzt war, da der Markt für entsprechende Fachkräfte ausgetrocknet war. Dieser Gedanke bestärkte sie in ihrem Vorhaben. Am besagten Vorstellungstag fand sie sich im Vorstellungsgespräch neun Chefärzten gegenüber, die sie mit unangenehmen Fragen löcherten. Die Ärzteschaft war imposant hinter großen Schreibtischen platziert, währendem ihr ein kleiner Stuhl in der Mitte des Raumes angeboten wurde. Frau Meier erinnerte sich jedoch plötzlich an folgende Gegebenheit: Einige Wochen zuvor hatte sie in einer Berliner Bar einen schwarz gekleideten, mit Totenkopfringen an den Fingern ausgestatteten Schweizer kennengelernt, der sich ihr, als sie nach seinem Beruf fragte, als »Ghost Negotiator« vorstellte. Dieser war ihr aufgefallen, da er inmitten des nächtlichen Partytreibens mit seinem Laptop an der Bar saß und unbeeindruckt von der Musik und den tanzenden Menschen ein Verhandlungsbuch mit dem Titel Quick & Dirty schrieb. Sie unterhielten sich über Macht und wie sich diese auswirken kann. Er hatte ihr dabei einen wichtigen Rat mitgegeben: »Macht hin oder her: Merken Sie sich unbedingt Folgendes, werte Dame: Solange Ihr Gegenüber, und wenn er noch so mächtig und furchteinflössend erscheint, mit Ihnen sprechen und verhandeln möchte, besitzen Sie eine Ressource, die ihn ernsthaft interessiert. Das wiederum lässt Ihre eigene Macht in den Köpfen des Gegenübers stark ansteigen!« In diesem Moment stieg ihr Selbstbewusstsein schlagartig. Sie unterbrach die Fragerunde und forderte einen bequemeren Stuhl, der ihr auch prompt gebracht wurde. Sie fing an, der anwesenden Ärzteschaft selbstbewusst Gegenfragen zu stellen. Zu guter Letzt brachte sie ihre Honorarforderungen ein, die deutlich über dem Durchschnitt lagen. Sie wusste, da die Position bis dahin unbesetzt gewesen war, der Markt wie erwähnt »trocken« war und die Klinik sie sehr schnell zum Vorstellungsgespräch eingeladen hatte, dass die Klinik wahrscheinlich keinerlei Alternativen besaß. Sie fing an, den Machtspieß beim Vorstellungstermin mit Ihren Forderungen klar umzudrehen und bekam letztendlich den Job zu hervorragenden Konditionen.

Frau Meier hatte das Prinzip der Macht begriffen und äußerst erfolgreich angewendet.

DIE SIEBEN-PUNKTE-REGEL DER MACHTANALYSE UND ERHÖHUNG NACH ABDEL-LATIF©

Ich habe mich schon seit Jahren ausgiebig mit dem Thema Macht befasst. Konkret interessierte mich die Frage, wie sich Macht unabhängig von irgendwelchen Emotionen messen und analysieren lässt. Aufgrund meiner Erfahrungswerte konnte ich ein einfach anzuwendendes Sieben-Punkte-System erstellen, das die eigene Macht unter der besagten analytischen Sichtweise erfasst, und mit dem sich diese eigene Macht managementtechnisch gezielt erhöhen lässt. Folgende sieben Punkte sind zu betrachten.

PUNKT 1: ZEIT

Wer mehr Zeit für einen bevorstehenden Verhandlungsprozess zur Verfügung hat, ist mächtiger. Wer den Abschluss unbedingt innerhalb eines der Gegenseite bekannten Zeitlimits abschließen muss, gibt Macht an die Gegenseite ab und macht so, je näher der Abschlusstermin vorrückt, vermehrt ungewollte Zugeständnisse.

Beispiel
Klassischerweise erkenne ich bei Beratungen von Verhandlungsteams, die im Ausland operieren, immer wieder den gleichen Fehler. Das Schweizer Verhandlungsteam fliegt bei-

spielsweise nach Japan, um einen für sie wichtigen Abschluss zu erzielen. Am Flughafen von Tokio wird das Team von einer luxuriösen Limousine abgeholt. Die »ach so netten Japaner« erfragen innerhalb des folgenden Begrüßungs-Smalltalks ganz nebenbei den Rückflugtag. Ein Mitglied des europäischen Verhandlungsteams antwortet im Sinne der landesüblichen Höflichkeit völlig unbedacht: »Am Freitagmorgen fliegen wir nach Zürich zurück.« Nun kann ich Ihnen jetzt schon sagen, was passieren wird. Bis zum Donnerstagabend kommt das Schweizer Team in den Genuss von kulinarischen Köstlichkeiten, Citytrips, Sumo-Ringen und ähnlichen Nettigkeiten, ohne dass überhaupt nur einmal ein Wort über die bevorstehende Verhandlung verloren wird. Am Mittwoch werden die Schweizer langsam nervös, da sie ja nicht ohne Ergebnis in die Schweiz zurückkehren möchten und von der Geschäftsleitung Ergebnisse erwartet werden. Aufgrund der eingetrichterten Höflichkeit und im Rahmen des interkulturellen Verständnisses lassen sich die Schweizer zähneknirschend weiterhin in die Kultur Japans einführen. Die Nervosität auf Schweizer Seite steigt, je näher der Abflugtermin kommt. Am Donnerstagabend um 20 Uhr wird von japanischer Seite die erste Verhandlungsrunde einberufen. Sicherlich können Sie sich vorstellen, dass die Schweizer bis zum Morgengrauen jede Menge Zugeständnisse machen, da sie nicht mit leeren Händen zurückfliegen wollen.

Hinweis

Geben Sie niemals den von Ihnen anvisierten Verhandlungs-
abschlusstermin bekannt. Im Gegenteil: Geben Sie Ihrem
Gegenüber das Gefühl, dass Sie jede Menge Zeit haben.
Lassen Sie sich von der Gegenseite auch niemals zeitlich bedingt zu einer Entscheidung drängen. Sätze wie »Sie müssen
sich jetzt entscheiden, ansonsten ziehe ich das Angebot zurück« sollten Ihnen ab sofort keinen Eindruck mehr machen.

PUNKT 2: ALTERNATIVEN

Ich empfehle Ihnen, unbedingt Alternativen ins Visier zu
nehmen und bewusst zu entwickeln. Wer Alternativen hat,
ist nicht erpressbar und somit mächtig. Manchmal kann
Ihnen eine geringe, kalkulierte Qualitätseinbuße bei einem
alternativen Anbieter viele Türen öffnen, die Sie in Ihre Ver-
handlungsvorbereitung miteinbringen können.

Hinweis

Sollten Sie selbst der »Entscheidungsträger« sein, empfehle
ich Ihnen, die ausgearbeitete Alternative niemals an Ihren
Verhandlungsführer zu kommunizieren. Mit dem Wissen
über einen Plan B ist er erfahrungsgemäß nicht mehr bereit, bis zum Äußersten für die Sache zu kämpfen und wird
dazu verleitet, eher nachzugeben.

> **Die Information über die ausgearbeitete Alternative gehört nur dem Entscheidungsträger!**

PUNKT 3: RESSOURCEN

Mit Ressourcen ist nicht immer der monetäre Aspekt gemeint. Ressourcen können Know-how, Netzwerke, Produkte sein, also alles, was Ihrem Verhandlungspartner von großem Nutzen sein kann.

Es ist wichtig, dass Sie sich Ihrer Ressourcen bewusst sind, diese weiter stärken und kontinuierlich ausbauen. Wenn Sie eine Ressource haben, die Ihren Verhandlungspartner ernsthaft interessiert (und das haben Sie, sonst würde er ja kaum mit Ihnen verhandeln), würde es ihn definitiv schmerzen, wenn seine Konkurrenz in den Genuss Ihrer Kooperation und somit der anvisierten Ressource kommen würde. Machen Sie sich so bis zu einem gewissen Grad unersetzlich. Letztendlich steigern Sie damit gezielt Ihre Macht.

PUNKT 4: TEAM, VERHANDLUNGSKÖNNEN, ROLLENVERTEILUNG

Wer eine klare Rollenaufteilung und klare Strategien und Taktiken hat, ist sehr mächtig und gegen Angriffe der Gegenseite weitgehend immun.

Sie werden sehen: Besonders anstrengend ist es, mit zu pseudo-selbstbewussten Amateuren zu verhandeln. Deren unklare Teamaufstellung, durch das mangelnde Verhandlungskönnen bedingt, wird oftmals mit emotionalen Angriffen gekontert, die zu keinen klaren Ergebnissen führen. Wenn Sie Ihre Hausaufgaben gut gemacht haben, sind Sie jedoch mit den von mir vermittelten Techniken und Methoden gewappnet und können die Hilflosigkeit Ihres Verhandlungspartners und die sich daraus für Sie ergebende Macht ausspielen und so richtig genießen.

PUNKT 5: INFORMATIONEN

Wer mehr Informationen besitzt, ist mächtig. Diesen Punkt habe ich bereits im Kapitel 1 ausgiebig erörtert. Er bedarf daher keiner weiteren Erklärung.

PUNKT 6: SANKTIONSMÖGLICHKEITEN

Um auch den letzten Widerstand Ihres Verhandlungspartners zu brechen, sollten Sie sich im Vorfeld überlegen, wie Sie ihn, sollte er sich Ihrem Willen nicht beugen, »bestrafen« könnten. Dieser Ausdruck mag Sie zunächst erschrecken, ich meine das aber wirklich wörtlich. Sie müssen über etwas verfügen, das ihm so richtig weh tut. Am einfachsten gelingt das, wenn Sie ihm kurz vor Verhandlungsabschluss jene Ressource entziehen, auf die er besonders fixiert ist.

Zeigen Sie ihm unbedingt auf, dass Ihre Bestrafung sehr weh tun kann und wird.

Hinweis

Sanktionsandrohungen machen nur dann Sinn, wenn Sie diese auch wirklich wahr machen. Ansonsten machen Sie sich unwiderruflich zum Clown und Papiertiger!

PUNKT 7: PUBLIC RELATIONS

Die Presse oder Öffentlichkeit in einen Verhandlungsprozess miteinzubeziehen ist hoch effektiv, aber auch gefährlich und sollte nur von wirklichen Profis angewendet werden. Sie können so den Druck auf die Gegenseite massiv erhöhen und Ihre Macht für alle sichtbar demonstrieren.

Sie brauchen dazu ein starkes Netzwerk, welches Sie einbringen können und das Sie unterstützt.

Bei den Streikverhandlungen der GDL (Gewerkschaft Deutscher Lokführer) konnte die Öffentlichkeit vorerst als Druckmittel bei den anvisierten Tarifverhandlungen genutzt werden. Als jedoch auch plötzlich die Journalisten nicht mehr Zug fahren konnten und ihre Arbeit dadurch eingeschränkt war, drehte der Wind sich von einem Tag auf den anderen gegen die GDL. Der Ausstand der Lokführer wurde angeprangert. Ihnen wurde vorgeworfen, Verrat am eigenen Volk zu begehen. Dieser Gegendruck verhalf demnach auch zum vorzeitigen Einlenken der GDL vor Ablauf der angekündigten Streikfrist.

Öffentlichkeit muss nicht immer über die Presse erfolgen. Es kann auch durchaus sein, dass Sie gemeinsame Geschäftspartner über die unprofessionelle und hinderliche

Verhandlungsführung Ihres Verhandlungspartners informieren. Oder Sie machen das Foto mit dem leicht bekleideten ukrainischen Mädchen (siehe hierzu wieder Kapitel 1) zum Brüller der Woche.

ERINNERUNGSSPRUCH

Um festzustellen, wie viel Macht Sie in einer Situation haben, gibt es ein einfaches Akronym, das Sie anwenden können. Wenn Sie die Anfangsbuchstaben der untenstehenden Punkte zusammensetzen, ergibt sich folgender, einfach zu merkender Erinnerungsspruch:

Zeit

Alternativen

Ressourcen

Teamaufstellung

Informationen

Sanktionen

Public **R**elations

= **ZART IS P**(owe)**R**

Vorgehensweise

Und so wenden Sie den Erinnerungsspruch an: Bewerten Sie nun jeden einzelnen Punkt mit

– (ungenügend ausgeprägt)

+ (genügend ausgeprägt)

++ (gut ausgeprägt)

+++ (sehr gut ausgeprägt)

Nun können Sie anhand der Bewertungszeichen Ihre Macht faktisch messen und relativieren. Sie können jetzt auch bei den Punkten, die Sie mit den Werten – oder + klassifiziert haben, gezielt an deren Stärkung arbeiten.

Mein Profi-Tipp:
Verschwenden Sie keine Zeit damit, sich über die Macht der Gegenseite Gedanken zu machen. Sie verfügen über zu wenige Informationen, um diese richtig abzuschätzen, und laufen Gefahr, sich durch eine scheinbar übermächtige Position des Verhandlungspartners selbst in Ihrem Prozess und Handeln zu blockieren. Konzentrieren Sie sich konsequent darauf, die eigene Machtposition entscheidend zu erhöhen!

PRAXISBEISPIEL

Vor einigen Monaten kontaktierte mich ein junger Computerfreak. Wie 22-jährige Computerfreaks so leben und aussehen, erfuhr ich, als ich ihn in seinem Apartment zum Vorgespräch besuchte. Lange, zerzauste Haare, ein Acht-Tage-Flaum-Bart, Hornbrille und Sneakers unterstrichen seinen eher gewöhnungsbedürftigen Look. In seinem Studio stapelten sich die Pizzaschachteln und Cola-Dosen dutzendweise. Nichtsdestotrotz schien ich es mit einem Genie zu tun zu haben. Der Computerfreak hatte ein System entwickelt, das plötzlich die Aufmerksamkeit eines Internetgiganten auf sich zog. Das Unternehmen wollte den jungen Mann treffen und seine Entwicklung erwerben. Unser Com-

puterfreak war panisch. Er stammelte vor sich hin, dass er »gegen diese Riesen doch keinerlei Chance« habe und jedes noch so lausige Angebot annehmen müsse. Auch er unterschätzte, wie fast alle meine Mandanten, die sich in Verhandlungen mit großen Unternehmen begeben, die eigene Macht und überschätzte die Macht der Gegenseite massiv. Ich zeichnete ihm meine Machtanalyse auf ein Blatt Papier auf:

Zeit:

»Haben Sie Zeit oder haben Sie gewisse finanzielle Verpflichtungen, Schulden und dergleichen, denen Sie nachkommen müssen?« fragte ich ihn. Er verneinte meine Frage. Er habe keinerlei Stress und würde es sogar bevorzugen, den Prozess langsam anzugehen.
Bewertung: +++ (sehr gut ausgeprägt).

Alternativen:

»Wie sieht es mit Alternativangeboten aus?«, lautete meine nächste Frage. Er erwiderte, dass ihm bisher keine anderen Firmen Angebote unterbreitet hätten, da er sein Produkt auch nicht entsprechend promotete.
Bewertung: – (ungenügend ausgeprägt).

Ressourcen:

»Was ist Ihre Hauptressource, Ihre Einzigartigkeit?« Er antwortete mir wie aus der Pistole geschossen, dass seine Res-

source sowohl sein fundiertes Wissen als auch letztendlich sein einzigartiges System sei.
Bewertung: +++ (sehr gut ausgeprägt).

Teamaufstellung, Verhandlungskönnen:
Seine Antwort hier war eindeutig : »Was für eine komische Frage, Dr. Abdel-Latif – darum habe ich Sie ja angerufen!«
Bewertung: – (ungenügend ausgeprägt).

Informationen:
»Kennen Sie das Verhandlungsteam der Gegenseite? Wissen Sie etwas über diese Leute?« Auch das verneinte er.
Bewertung: – (ungenügend ausgeprägt).

Sanktionen:
»Könnten Sie die Gegenseite auf irgendeine Art und Weise bestrafen, wenn diese sich nicht so verhält, wie Sie das möchten?«, lautete meine nächste Frage. »Klar!«, erwiderte er. »Ich könnte Ihnen mein System vorenthalten und nicht verkaufen!«
Bewertung: +++ (sehr gut ausgeprägt).

Public Relations:
»Haben Sie Medienkontakte oder starke Netzwerke, die Sie im Bedarfsfall aktivieren könnten?«, fragte ich ihn. »Nö!«
Bewertung: – (ungenügend ausgeprägt).

Meine Machtanalyse zeigte uns also seine Stärken (Zeit, Ressourcen, Sanktionen) und seine Schwachpunkte (Alternativen, Teamaufstellung/Verhandlungskönnen, Informationen, Public Relations). Damit wir seine Macht erhöhen konnten, arbeiteten wir wie folgt an seinen Schwachpunkten:

Alternativen: Wir verbreiteten in verschiedenen Internetforen das Gerücht, dass ein Internetriese sein System kaufen möchte. Es vergingen gerade mal 48 Stunden, bis sich die ersten Konkurrenzunternehmen mit ihm in Verbindung setzten und bereits jetzt konkrete Angebote unterbreiteten. Neue Bewertung: ++ (gut ausgeprägt).

Teamaufstellung/Verhandlungskönnen: Ich unterstützte ihn persönlich aus dem Hintergrund und zeigte ihm alle notwendigen Tricks und Kniffe, um im bevorstehenden Verhandlungsprozess bestehen zu können.
Neue Bewertung:+++ (sehr gut ausgeprägt).

Informationen: Mit seinen Internetkünsten war es ein leichtes Spiel, das Verhandlungsteam der Gegenseite ausfindig zu machen und wichtige private und berufliche Informationen in Erfahrung zu bringen.
Neue Bewertung: ++ (gut ausgeprägt).

Public Relations: Auf die Bearbeitung dieses Punktes verzichteten wir, da mein Mandant keinesfalls der Öffentlichkeit ausgesetzt werden wollte.

Nach unserer systematischen Machterhöhung sah die neue Machtbewertung nun wie folgt aus:

Zeit: +++

Alternativen: ++

Ressourcen: ++

Teamaufstellung/Verhandlungskönnen: +++

Informationen: ++

Sanktionen: +++

Public Relations: – (unwichtig in diesem Prozess).

Der junge Internetfreak war nun erheblich gestärkt und ging mit diesem neuen reproduzierbaren Machtbewusstsein äußerst selbstbewusst in die Verhandlungen.

Nur so viel: Wir schlossen den Deal mit überragendem Ergebnis ab. Weder er noch die nächsten fünf Generationen seiner Nachkommen brauchen sich wohl je wieder finanzielle Sorgen zu machen ...

ZUSAMMENFASSUNG

Macht nimmt eine entscheidende Stellung in Verhandlungsprozessen ein. Die eigene Macht wird häufig *unter*schätzt, die des Verhandlungspartners *über*schätzt.

Anhand des von mir entwickelten Sieben-Punkte-Systems können Sie Ihre eigene Macht objektiv analysieren, Stärken und Schwächen herausarbeiten und so die eigene Machposition gezielt erhöhen.

TESTFRAGEN

➡ Warum ist Macht in einem Verhandlungsprozess wichtig?

➡ Wie lautet die Sieben-Punkte-Regel der Macht-analyse nach Abdel-Latif?[©]

➡ Wozu dient diese Methode?

AUF DIESEN »DIRTY TRICK« SOLLTEN SIE BESONDERS ACHTEN

DIE MACHT-DES-GESCHRIEBENEN-WORTES-FALLE

In unseren Breitengraden verleiht das geschriebene Wort einem Angebot eine besondere Autorität. Ihr Verhandlungspartner nimmt beispielsweise überraschend ein aus dem Internet ausgedrucktes Blatt Papier hervor, auf dem ein scheinbar ähnliches Produkt wie das Ihre wesentlich günstiger angeboten wird. Damit möchte er bewirken, dass Sie Ihren Preis augenblicklich senken und idealerweise das bestehende Angebot noch unterbieten.

Mein Profi-Tipp

Lassen Sie sich keinesfalls täuschen von den scheinbar nachvollziehbaren, schriftlich fixierten Kriterien Ihres Verhandlungspartners. Machen Sie ihm klar, dass die Vergleichswerte nicht für Sie zählen. Bleibt er resistent, raten Sie ihm ein »solch einmalig billiges Angebot der Konkurrenz« unbedingt anzunehmen, da diese – so haben Sie gehört – »auch wieder einmal einen Auftrag brauchen«.

Stress

Über Stress sage ich stets Folgendes: Stress ist dein bester Freund und zugleich dein ärgster Feind. Wie ist das zu verstehen?

Ein *Freund* ist Stress, sofern der Stresslevel bis zu einer bestimmten, für uns positiven Spitze ansteigt (Eustress). Hier sind wir konzentriert, motiviert und voller Tatendrang. Überschreitet der Stresslevel die genannte Spitze, wird dieser als negativ empfunden (Disstress). Unser logisch-rationales Denken wird in der Folge stark eingeschränkt, unsere Hirnstammreflexe (Angriff und Flucht) überwiegen und beeinflussen unser Verhalten – der Stress mutiert zu unserem ärgsten *Feind*. Das Großhirn, welches für das logisch-rationale Denken verantwortlich ist, kann nicht mehr richtig arbeiten, sobald der Disstresslevel erreicht ist. Der Hirnstamm, der unsere Reflexe und Instinkte gespeichert hat, kommt nun unerwünschterweise zum Zug. Konkret heißt das, dass wir, sobald wir uns auf den negativen Disstress einlassen, nicht mehr klar und logisch denken können. Wir reagieren instinktiv, was gerade in Verhandlungen unter großem Druck nahezu ein hundertprozentiger Garant für schwerwiegende Fehler ist! Professionelle Verhandlungsführer beherrschen das Spiel mit dem Stress in Perfektion. Ihr Ziel ist es, die Verhandlungspartner durch mehr oder weniger offensichtliche Stresssignale in den erwähnten Negativstress (Disstress) hineinzutreiben.

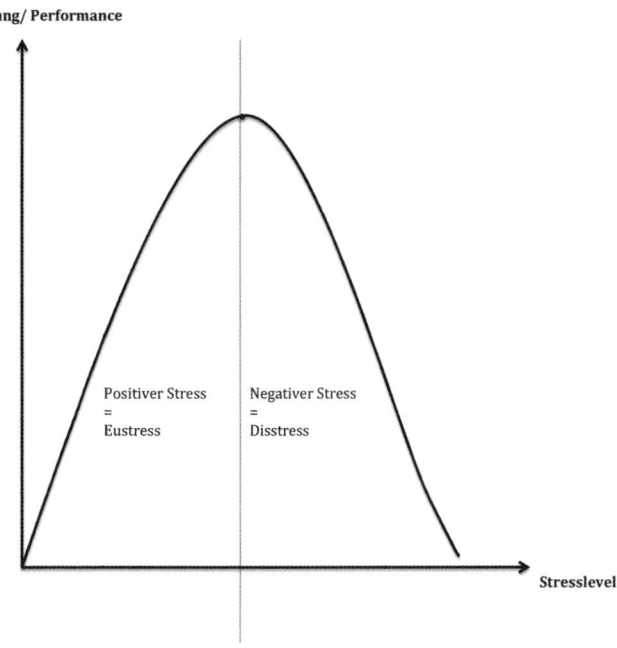

Schaubild Stresslevel

RING

Stress ist eines der mächtigsten Mittel und Instrumente überhaupt, deren ich mich in meinen Kämpferjahren bedient habe. Schon im Vorfeld stresste ich meinen Gegner kontinuierlich: Mal ließ ich Schauergeschichten über meine vergangenen Siege erzählen, mal involvierte ich die Öffentlichkeit, um meinen bevorstehenden Gegner zu diskreditieren, mal inszenierte ich meinen Auftritt am Kampftag in bereits beschriebener Manier.

Alle diese Aktionen hatten nichts mit mangelndem Respekt oder Ähnlichem zu tun, sondern verfolgten nur ein einziges Ziel: Den positiven Stresslevel meines Gegners weit über die erträgliche Spitze anzuheben, damit dieser in der Folge in negativen Stress umschlug. Die meisten Kämpfer reagierten, wenn Sie negativen Stress erfuhren, äußerst emotional mit Wut oder Angst und vergaßen in der Folge Ihre eigene Strategie und Taktik. Ich brauche nicht zu erwähnen, dass ich dies in den meisten Fällen zu meinen eigenen Vorteilen ausnutzen konnte.

BUSINESS

Gerne möchte ich Ihnen anhand eines Gedankenspiels, das Sie bestimmt aus eigener ähnlicher Erfahrung schon erlebt haben, zeigen, welche unglaubliche Wirkung Stress auf Sie ausüben kann.

DIE PRÄSENTATION

Sie werden von Ihrem Chef damit beauftragt, eine wichtige Präsentation vorzubereiten. Er weist Sie darauf hin, dass bei Ihrer Präsentation der CEO höchstpersönlich anwesend sein wird. Da die Thematik genau zu Ihrem Spezialgebiet gehört, freuen Sie sich besonders, da dies eine hervorragende Chance ist, Ihre Kompetenz der höchsten Unternehmensspitze persönlich zu demonstrieren, was sich wiederum sehr positiv auf das bevorstehende Beförderungsgespräch auswirken kann. Sie sammeln Fakten und Zahlen und verarbeiten alles zu einer innovativen, ansprechenden Power-Point-Präsentation. Der entscheidende Tag rückt näher, Ihre Nervosität steigt. Gerade diese Nervosität gibt Ihnen wahre Energieschübe. In der Nacht vor der Präsentation wälzen Sie sich im Bett. Sie fragen sich, ob Sie wirklich alle Zahlen richtig in die Präsentation eingebaut haben, ob Ihre Power-Point-Präsentation auch wirklich überzeugend sein wird. Am »Decision-Day« erscheinen Sie müde, jedoch hoch motiviert im Präsentationsraum. Einige Zuhörer sind bereits anwesend. Sie versuchen Ihren Laptop mit der Präsentation anzuschließen – es passiert nichts! Ihr Stresslevel steigt weiter an, als Sie bemerken, dass der CEO in der ersten Reihe Platz genommen hat. Noch drei Minuten bis zum Beginn Ihrer Präsentation. Ihre Nervosität steigt und steigt. Wild fangen Sie an, auf allen möglichen Knöpfen herumzudrücken, Kabel ein- und auszustecken. Plötzlich erscheint Ihre Präsentation auf der Leinwand – Punktlandung! In dieser

Sekunde werden Sie von Ihrem Abteilungschef vorgestellt, Ruhe kehrt im Vortragssaal ein. Ihr Herz rast. Gleich zu Beginn drücken Sie den falschen Knopf und das Bild erlischt wiederum von der Leinwand. Es herrscht Totenstille im Saal. Diesmal drücken Sie den richtigen Knopf, die erste Präsentationsseite erscheint korrekt. Ihre Atmung ist schnell, Ihre Stimme hat einen ungewöhnlich hohen Klang, Sie schwitzen. Krampfhaft versuchen Sie, den Einstieg in Ihre Analyse zu finden – sie gelingt! Angenehm bemerken Sie, wie sich Ihr Puls stabilisiert, die Atmung beruhigt. Sie können wieder klare Gedanken fassen, Ihre Eloquenz steigt an. Es läuft so richtig gut für Sie. Inmitten Ihrer Präsentation stellt Petersen, Ihr Erzfeind aus der Entwicklungsabteilung, eine Frage. Wiederum rast Ihr Puls in die Höhe, die Atmung wird unregelmäßig. Sie fangen an zu schwitzen, als Sie bemerken, dass die Blicke des anwesenden CEO gelangweilt aus dem Fenster schweifen, wogegen jene Ihres Chefs Sie nahezu durchlöchern. Ihnen fällt die Antwort auf die Frage nicht ein, Sie fangen an, sich im Kreis zu drehen, Sie erkennen, dass Petersen genüsslich grinst ... Weitere Fragen aus dem Publikum folgen – wiederum geben Sie nur ungenügende Antworten. Die Präsentation gestaltet sich für Sie zu einem einzigen Desaster. Stunden später, auf Ihrem Nachhauseweg, stecken Sie im Stau fest. Die sonore Stimme von Barry White ertönt aus dem Radio, Sie sind trotz der Niederlage irgendwie entspannt. Plötzlich, wie vom Blitz getroffen, fallen Ihnen schlagartig alle Antworten auf die zahlreichen von Ihnen ungenügend beantworteten Publikumsfragen ein. Sie erkennen plötzlich, wie Sie sich an welcher Stelle hätten verhalten müssen, welche Statements Sie elegant hätten kontern können und wie Sie das Interesse des CEO hätten gewinnen können. Leider zu spät!

ANALYSE

Lassen Sie uns den geschilderten Fall nochmals analytisch Revue passieren.

Grundsätzlich gilt es, wie ich erwähnt habe, zwischen dem positiven Eustress und dem negativen Disstress zu differenzieren. Der Eustress lässt unsere Leistungskurve ansteigen. Überschreitet der Stresslevel jedoch eine gewisse Grenze, kommt es zur abrupten Umkehr, es entsteht unerwünschter Disstress, der sich unmittelbar negativ auf die Leistungsfähigkeit auswirkt und unser logisch-rationales Denken zunehmend einschränkt.

In unserem Beispiel lassen sich die einzelnen Stressmomente wie folgt erkennen:

- Vorbereitung: Eustress
- Nacht vor der Präsentation: Disstress
- Technik funktioniert nicht: Disstress
- Zweiter Einstieg gelingt: Eustress
- Erzfeind mischt sich ins Spiel: Disstress
- CEO scheint gelangweilt: Disstress

Nachdenken im Auto: kein Stress: Das logisch-rationale Denken setzt wieder ein, wir erkennen Fehler und könnten problemlos Antworten auf die gestellten Fragen finden.

NEGATIVE STRESSZEICHEN

Wer seine Stresszeichen kennt, kann Disstress gezielt abwenden. Welche der folgenden (Dis-)Stresszeichen machen sich bei Ihnen in unangenehmen Situationen bemerkbar?

🤜 **Höhere Stimmlage**

Die Stimme klingt höher als sonst. Gleichzeitig verliert sie an Stärke und Klangvolumen.

🤜 **Unruhige Handbewegungen**

Die Finger werden nicht mehr ruhig gehalten und bewegen sich unentwegt. Es wird mit Papier und Stiften gespielt oder einfach auf dem Tisch getrommelt.

🤜 **Abschweifende, schnelle Blicke**

Der Blickkontakt kann nicht mehr erwidert werden. Die Augen fixieren unkontrolliert verschiedenste, nicht im Zusammenhang stehende Gegenstände.

🤜 **Trockener Mund**

Die Mundschleimhäute werden trocken, es wird häufig Wasser getrunken.

🤜 **Schwitzen**

Unkontrollierte Schweißbildung auf der Stirn, im Gesicht, an den Händen und unter den Achseln macht sich bemerkbar.

🤜 **Pulsrasen**

Der eigene Puls wird als hämmerndes Geräusch im Kopf wahrgenommen.

🤜 **Kopfrötung**

Das Gesicht und die Halspartie verfärben sich rot.

🤜 **Erhöhte Atemfrequenz**

Durch die erhöhte Atemfrequenz muss häufiger nach Luft geschnappt werden, einfache Sätze müssen zum Atemholen kurz unterbrochen werden.

UNTERBRECHEN SIE IHRE EIGENE STRESSSPIRALE

Wie ich Ihnen bereits angedeutet habe, ist es ganz entscheidend, dass Sie die genannten Stresssignale bei sich selbst erkennen. Denn nun müssen Sie den Stresslevel unbedingt sofort unterbrechen, da Sie sonst große Gefahr laufen, nicht mehr rational denken zu können und schwerwiegende Verhandlungsfehler zu begehen. Als Arzt kann ich Ihnen ein sicheres Mittel verraten, das den negativen Stresslevel sofort senkt: *Bewegung*! Das bedeutet konkret: Sobald Sie einige der oben genannten Stresssignale bei sich erkennen, verschaffen Sie sich Bewegung! Ich empfehle Ihnen aufzustehen, zum Fenster zu gehen und dieses zu öffnen. Oder berufen Sie eine Toilettenpause ein, ganz egal: Sobald Sie sich bewegen, wird sich Ihr Stresslevel sofort wieder reduzieren und Sie können mit der Verhandlung fortfahren.

Es gibt eine gute Nachricht: All diese Merkmale machen

sich nicht nur bei Ihnen, sondern auch bei Ihrem Verhandlungspartner bemerkbar. Sobald Sie diese bei Ihrem Verhandlungspartner erkennen, sind Sie auf dem richtigen Weg. Nun ist der Zeitpunkt gekommen, den Stresslevel durch gezielte Attacken noch weiter zu erhöhen – Ihr Verhandlungspartner wird drastische Fehler begehen!

ANGRIFFS- ODER FLUCHTTYP?

Wie wir gesehen haben, bewirkt ein erhöhter, sich negativ auswirkender Stresslevel, dass das in unserem Großhirn angesiedelte logisch-rationale Denken stark eingeschränkt wird. Die im Hirnstamm gespeicherten Reflexe gewinnen ab diesem Moment zunehmend die Überhand. Grob gesehen sind im Hirnstamm zwei unterschiedliche Reflextypen gespeichert: der Angriffs- und der Fluchttyp.

ANGRIFFSTYP

Wie der Name schon sagt, geht der Angriffstyp bei negativem Stress zur Attacke über, wenn er eine Gefahr erkennt und sich sofort verteidigen möchte. In Verhandlungen ist das sehr deutlich erkennbar. Ihr Verhandlungspartner wird laut, emotional, nervös und häufig auch beleidigend. Angriffstypen haben jedoch praktisch alle einen entscheidenden Schwachpunkt, den Sie als Verhandlungsprofi unbedingt kennen und ausnutzen müssen: Der Angreifer spricht zu viel und gibt dadurch unweigerlich zu viele Informationen preis!

FLUCHTTYP

Dieser Reflextypus hat die Eigenschaft, bei negativem Stress den Rückzug anzutreten, um aus der Gefahrenzone herauszukommen. Fluchttypen versuchen, sobald sich der negative Stress bemerkbar macht, die Konfrontation aktiv zu vermeiden.

In der Stressituation wird der Fluchttyp, nachdem er anfänglich versucht, sich verbal zu verteidigen, zunehmend still. Er lehnt sich zurück und schaut nervös zur Türe, da er am liebsten aus dem Raum flüchten würde. Steigt der Druck und der damit verbundene Stresslevel weiter an, wird er, um sich nicht noch tiefer in die unangenehme Situation hineinzumanövrieren, ungewollte Zugeständnisse machen. Aus meiner Erfahrung sind Fluchttypen in Verhandlungssituationen häufig daran erkennbar, dass sie auf höhere Instanzen verweisen (»Das muss ich noch mit dem Chef besprechen!«).

VERSCHIEDENE PERSÖNLICHKEITS-TYPEN UND WIE SIE DEREN STRESSLEVEL ERHÖHEN

Je nach Persönlichkeitstypus lässt sich der Stresslevel der Verhandlungspartner mit einfachen Techniken erhöhen. Sie bringen Ihren Gegner so unter Druck und haben dann leichtes Spiel. Ich klassifiziere die Menschen grob in folgende verschiedene Persönlichkeitstypen.

DER NARZISST

Dieser Typus ist besonders oft bei erfolgreichen Menschen in Führungspositionen anzutreffen. Sie erkennen einen Narzissten einfach daran, dass er sich gerne in den Mittelpunkt drängt, Probleme mit Selbstkritik hat und seine vergangenen Erfolge häufig im Gespräch erwähnt.

Wenn sich Narzissten kooperativ verhalten, sollten Sie ihnen die volle Aufmerksamkeit schenken, Sie loben und bewundern.

Sollten sie sich aber unkooperativ verhalten, ermöglichen es Ihnen die erwähnten Eigenschaften sehr schnell, negativen Stress auszuüben. Ignorieren Sie Narzissten konsequent, indem Sie Ihre Aufmerksamkeit anderen, »unwichtigeren« Personen am Verhandlungstisch schenken.

DER HYSTERIKER

Dieser Typ ist im Volksmund besser unter der Bezeichnung »Bauchmensch« bekannt. Hysteriker lassen sich nur bedingt durch Fakten und Tatsachen überzeugen. Sie brauchen bei der Sache ein »gutes Gefühl«, das auf Vertrauen beruht.

Hysteriker sind in Verhandlungen daran erkennbar, dass Sie bei Zahlenpräsentationen eher gelangweilt, hingegen bei zwischenmenschlichen, persönlichen Smalltalk-Gesprächen äußerst aufmerksam sind. Sie schreiben wenig mit, beobachten die anwesenden Personen hingegen sehr genau.

Den Hysteriker in Stress zu bringen, ist ebenfalls sehr einfach: Argumentieren Sie kontinuierlich auf der persönlichen Ebene. Hervorragend eignen sich Sätze wie »Ich habe das Gefühl, Sie möchten den Prozess verlangsamen ...« oder »Haben Sie nicht auch das Gefühl, dass hier irgendetwas in die falsche Richtung läuft?«

DER KONTROLLFREAK

Mein absoluter Lieblingstyp. Wie bereits vom Namen her erkennbar, möchte der Kontrollfreak die Kontrolle über alles und jeden haben. Er beeindruckt durch die akribische Aufarbeitung von Excel-Tabellen. In attraktiven und detailliert ausgearbeiteten PowerPoint-Präsentationen betont er immer wieder die Fakten.

Einen scheinbaren Kontrollverlust zu erleiden, wird ihn in unglaublichen Stress bringen und zu Fehlern verleiten. Ich liebe es, diesen Typ mit folgendem Satz gleich zu Beginn einer Verhandlung bewusst in einen hohen negativen Stresslevel zu manövrieren: »Werter Herr Müller, ich schätze es ungemein, dass Sie sich so hervorragend (zeigen Sie auf seine mitgebrachten Excel-Tabellen) auf unsere Verhandlung vorbereitet haben. Umso mehr hat es mich doch etwas irritiert, dass Sie mir nicht auf meine gestrige Mail geantwortet haben (*die Sie natürlich nie verschickt haben!*). Ich denke, dieser Punkt soll uns nicht weiter an der Besprechung des Punktes 1 auf der Agenda hindern ...« Nun wird der Kontrollfreak garantiert mächtig ins Schwitzen kommen, da er Angst hat, eine wichtige Information verpasst zu haben. Diese Situation ist ein hervorragender Moment, gleich eine hohe Forderung ins Spiel zu bringen, den Stresslevel nochmals zu erhöhen und den Kontrollfreak in der Folge zu schwerwiegenden Fehlern zu verleiten.

ZUSAMMENFASSUNG

Positiver Stress (Eustress) wirkt sich steigernd auf unsere Leistungskurve aus. Erreicht diese jedoch einen gewissen, individuellen Spitzenwert, welcher sich mit den klassischen Stresszeichen bemerkbar macht, wirkt sich negativer Disstress mit einem deutlichen Abfall der Leistungskurve auf unser Denken und Verhalten aus. Das logisch-rationale Denken versagt zunehmend, Hirnstammreflexe (Angriff, Flucht) kommen zum Vorschein. Anzeichen für negativen Stress, die Sie an sich selbst bemerken, unterbinden Sie am besten mit sofortiger Bewegung. Sind solche Anzeichen von Negativstress bei Ihrem Verhandlungspartner erkennbar, sollten Sie den Druck sofort weiter erhöhen, um ihn zu schwerwiegenden Fehlern und Zugeständnissen zu bewegen.

TESTFRAGEN

➡ Was verstehen Sie unter Eu- und Disstress?

➡ Wie wirkt sich Disstress auf Ihr logisch-rationales Denken aus?

➡ Welche Signale für negativen Stress kennen Sie?

➡ Wie können Sie bei sich selbst auftretenden negativen Stress in einer Verhandlungssituation konkret unterbinden?

➡ Welche drei Persönlichkeitstypen kennen Sie, und wie können Sie Disstress bei den einzelnen Typen auslösen?

AUF DIESE »DIRTY TRICKS« SOLLTEN SIE BESONDERS ACHTEN

1. DIE DEADLINE-FALLE

Ihnen wird eine scheinbare Deadline mit den Worten »Unser Angebot können wir bis spätestens heute 14 Uhr aufrechterhalten!« vorgeschrieben. Man möchte Sie bewusst in eine zeitlich definierte Stresssituation manövrieren, um Zugeständnisse und Fehler Ihrerseits zu erzwingen.

Mein Profi-Tipp
Erklären Sie der Gegenseite, dass Sie sich »nun doch zunehmend unwohl« fühlen und für Sie ein vertrauensvolles Verhältnis unabdingbar für eine Zusammenarbeit ist. Lassen Sie die vorgegebene Deadline unbedingt verstreichen und melden Sie sich mindestens für 30 Tage nicht, es sei denn, die Gegenseite kontaktiert sie früher.

2. DIE »BÖSER-ZWILLING«- FALLE

Zwei Teammitglieder der Gegenpartei drangsalieren Sie gleichzeitig laut verbal mit dem Ziel, Ihren Stresspegel massiv zu erhöhen. Der so entstehende Monolog ähnelt eher einem Verhör als einem Verhandlungsgespräch.

Mein Profi-Tipp

Nehmen Sie lediglich eine Person ins Visier und ignorieren Sie die andere konsequent. Würdigen Sie sie keines Blickes, beantworten Sie keine der von ihr gestellten Fragen. Wenn Sie die Person immer noch anspricht, schauen Sie sie kurz direkt an und erwidern dabei: »Bitte stören Sie unser Gespräch nicht. Ich denke, Ihr Kollege (Ihre Kollegin) ist in diesem Thema um einiges versierter und kompetenter als Sie!«

Fitness

RING

Während meiner aktiven Wettkampfjahre habe ich mich immerzu an ein eisernes Gesetz gehalten: Halte Dich auch während der Wettkampfpausen fit. Dieser Punkt hatte den Vorteil, dass ich mich eigentlich immerzu auf einem hohen Fitnesslevel befand und diesen auch in unvorhergesehenen Situationen gezielt abrufen konnte.

Dadurch war ich auch neben dem Ring für alle sichtbar als Champion zu erkennen, was wiederum bei den anderen Sportlern für großen Respekt sorgte.

Als wir uns nach der Wettkampfpause in der Nationalmannschaft auf die bevorstehende Saison vorbereiteten, war ich den anderen Athleten deutlich voraus, da ich von meinem bereits sehr guten Fitnesslevel profitieren und mich in Rekordtempo in Spitzenform bringen konnte.

BUSINESS

Harte Verhandlungssituationen, die sich am Limit abspielen, sind mit härtesten Ausdauer- und Kraftsessions vergleichbar. Für einen erfolgreichen Verhandlungsführer ist es daher unabdingbar, in bestechender Topform zu sein. Oft habe ich 20-stündige Verhandlungen begleitet und dabei festgestellt, dass viele Verhandlungsführer schon nach wenigen Stunden am Ende ihrer Kräfte waren und einbrachen. Ab diesem Moment gingen sie unvorteilhafte Kompromisse ein und begangen schwerwiegende Fehler. Die körperliche und mentale Fitness nimmt besonders bei international tätigen Verhandlungsführern eine zentrale Rolle ein. Jetlag, verschiedene Klima- und Zeitzonen beanspruchen die Fitness noch mehr als gewöhnlich und verlangen diesen Menschen, bereits bevor die eigentliche Verhandlung angefangen hat, viel Energie ab.

TRAINIEREN SIE GANZJÄHRIG!

Ich empfehle Ihnen, sich kontinuierlich das ganze Jahr über fit zu halten. Planen Sie Ihre Trainingseinheiten in Ihrem Tagesablauf ein, ansonsten laufen Sie Gefahr, keine Zeit dafür aufbringen zu können und zu wollen. Ich empfehle Ihnen, die frühen Morgenstunden oder die Mittagspause für ein gezieltes Ausdauer- und Krafttraining zu nutzen. Abendsessions sind nur bedingt empfehlenswert, da Sie sich abends nicht richtig aufs Training konzentrieren können und anstatt einer Leistungssteigerung einen müdigkeitsbedingten Leistungsverlust erleiden könnten.

Wenn Sie auf Reisen sind, empfehle ich Ihnen, nur Hotels zu buchen, die über ein hausinternes Fitnesscenter mit Laufband, Crosstrainer und Kraftstationen verfügen. Versuchen Sie, vor dem Frühstück zu trainieren, damit Sie sich programmieren, schon früh eine hohe Leistungskurve zu erreichen.

Wenn Sie sich körperlich fit halten, werden Sie automatisch auch eine Erhöhung der geistigen Fitness bemerken – und das ist gerade für hartgesottene Verhandlungsprofis überlebenswichtig!

ERNÄHREN SIE SICH GESUND!

Körper und Geist funktionieren wie ein Auto: Wenn Sie keinen optimalen Brennstoff zufügen, werden Sie niemals Ihre Höchstform erreichen.

Zucker und kurzkettige Kohlenhydrate (Weißbrot, Schokoriegel, Traubenzucker) sind für Sie tabu! Diese werden Sie zwar kurzzeitig für wenige Minuten beflügeln, aber nur solange, bis Ihre Bauchspeicheldrüse einen explosionsartigen Insulinüberschuss produziert und dafür sorgt, dass in der unmittelbaren Folge Ihr Blutzuckerspiegel rapide abfällt. Müdigkeit, Konzentrationsmangel und unerwünschtes Übergewicht machen sich schnell bemerkbar. Ich empfehle Ihnen, grundsätzlich den Proteinanteil Ihrer Ernährung zu steigern und dafür den Kohlenhydratanteil etwas zu reduzieren. Vor unmittelbar bevorstehenden harten Verhandlungen empfehle ich Ihnen sogar fast gänzlich auf Kohlenhydrate zu verzichten und stattdessen ein Steak mit Salat oder für die Vegetarier einen Fleischersatz mit leicht angebratenem Gemüse zu sich zu nehmen. Sie werden sich großartig fühlen, und während Ihre Verhandlungspartner mit der Verdauungsmüdigkeit zu kämpfen haben, können Sie einfach die Führung der Verhandlung übernehmen und gezielt punkten!

TRINKEN SIE MINDESTENS DREI LITER STILLES WASSER!

Ich empfehle Ihnen, auf den Tag verteilt mindestens drei Liter stilles Wasser zu konsumieren. Das mag sich vielleicht nach viel anhören, ist es aber nicht. Damit Sie diesen Richtwert einhalten können, sollten Sie immerzu eine Flasche Wasser an Ihrem Schreibtisch, im Auto oder in Griffnähe haben.

Das Wasser wird Ihnen zusätzlich Energie liefern und Sie körperlich und geistig in Form halten. Kohlensäurehaltiges Wasser ist per se nicht unbedingt schlecht, jedoch könnten Sie auftretende Blähungen arg in Bedrängnis bringen.

Kaffee und Limonade sind ab sofort tabu! Alkohol sollten Sie definitiv aus Ihrem Alltag verbannen.

KEINE DROGEN!

Aus Erfahrung weiß ich, dass gerade bei erfolgreichen Managern und Führungskräften Drogen weit verbreitet sind. Ich brauche nicht zu erwähnen, welche negativen Effekte

Drogenkonsum auf Sie haben kann und wird. Zu dieser Kategorie zähle ich auch übermäßigen Alkohol- und Nikotinkonsum. Gerade in länger andauernden Verhandlungsphasen, in denen keine Rauchpausen genehmigt werden, neigen zwanghafte Raucher aufgrund des auftretenden Nikotinmangels und der damit verbundenen inneren Nervosität dazu, plötzlich ungewollte Zugeständnisse zu machen, um schnellstmöglich ihrem Laster frönen zu können.

TRAINIEREN SIE IHR GEHIRN!

Wissenschaftliche Studien haben gezeigt, dass Menschen, die kontinuierlich lesen, einen höheren IQ und eine bessere Konzentrationsfähigkeit aufweisen als jene, die das nicht tun. Ich empfehle Ihnen, eine intellektuell ansprechende Tageszeitung zu abonnieren und diese nach Möglichkeit täglich zu studieren. Sie werden sehen, dass sich Ihr Geist in Kürze schon viel flexibler zeigen und Ihre Konzentrationsfähigkeit enorm ansteigen wird.

ZUSAMMENFASSUNG

Verhandlungsführung ist mit Spitzensport vergleichbar. Halten Sie sich unbedingt das ganze Jahr hindurch körperlich und geistig fit.

Kohlenhydratreduzierte, dafür proteinhaltige Nahrung, gepaart mit einem regelmäßigen Ausdauer- und Krafttraining helfen, Ihren Fitnesslevel kontinuierlich zu erhöhen und auch lang andauernde Verhandlungsprozesse hoch konzentriert und erfolgreich zu meistern.

TESTFRAGEN

➡ Warum spielt die körperliche Fitness in Verhandlungsprozessen eine wichtige Rolle?

➡ Welche Getränke und Speisen sollten Sie, wenn möglich, unbedingt meiden?

➡ Welche Nahrungskomponenten sollten Sie kurz vor einer Verhandlungsrunde bevorzugen?

Nachwort

Alle Prinzipien und Techniken in diesem Buch basieren definitiv nicht auf der üblichen »Gut-Mensch-Win-win«-Theorie. Sie sind mehrfach erprobt und gerade unter schwierigen Verhandlungsbedingungen besonders effektiv. Ich empfehle dem eifrigen Leser, diese nach und nach in die eigene Verhandlungstechnik einzubauen – die Erfolge, die Sie damit erzielen werden, sind eindrücklich. Dabei spielt es keine Rolle, ob Sie Millionenbudgets verhandeln oder einfach die nächste anstehende Sitzung organisieren und leiten: Die Techniken gelten universell und sind auch als solche zu verstehen. In diesem Zusammenhang möchte ich darauf hinweisen, dass jede Verhandlung nur dann zum Erfolg gebracht werden kann, wenn Sie selbst auch dazu bereit sind, nebst der entsprechenden Fachkompetenz ein gehöriges Quantum an Mut und Frechheit einzusetzen. Ohne eine gewisse kalkulierbare Risikobereitschaft sind Verhandlungen praktisch unmöglich zu führen, denn dann gewinnen Angst, Stress und die damit verbundene Unterwürfigkeit ungewollt die Oberhand. Es gibt letztendlich nicht den perfekten Superverhandler. Es gibt jedoch definitiv gute – und leider noch mehr schlechte – Verhandler. Nach der Lektüre dieses Buches sollten Sie in der Lage sein, durchwegs hervorragende Verhandlungsergebnisse zu erzielen. Schließlich steht für Sie viel auf dem Spiel: Geld, Prestige, Macht, Anerkennung und letztendlich auch Ihre Zukunft.

Auch ich selbst stehe jeden Tag aufs Neue der härtesten und unnachgiebigsten Verhandlungsführerin der Welt gegenüber, die mich immer wieder herausfordert: meiner vierjährigen Tochter Soraya. Sie wickelt mich trotz meines ausgeprägten Wissens jederzeit mit Leichtigkeit um den Finger und holt auch aus scheinbar aussichtslosen Verhandlungssituationen immer wieder überraschende Ergebnisse für sich heraus.

Danksagung

Mein besonderer Dank gilt meiner geliebten Familie, die mich immerzu unterstützt hat, meine Träume und Visionen zu verwirklichen. Besonders danke ich meiner Frau Alif-Simone, die in der Vergangenheit durch mein intensives berufliches Engagement oft auf meine physische Präsenz verzichten musste. Ebenfalls möchte ich meinem Agenten Dirk Rumberg danken, der vom ersten Moment an, als er dieses Manuskript in den Händen hielt, an mich geglaubt und unermüdlich für die Realisierung dieses Buches gekämpft hat. Den Mitarbeitern von Redline danke ich von Herzen für das in mich gesetzte Vertrauen und die hervorragende Zusammenarbeit, zuvorderst Michael Wurster und Christiane Otto.

Dr. med. Adel Abdel-Latif, MBA , April 2015

Über den Autor

Dr. med. Adel Abdel-Latif, MBA, Mediziner, Weltmeister im Kickboxen, unterstützt seit mehreren Jahren als Ghost Negotiator zahlreiche Unternehmen und Einzelpersonen dis-

kret aus dem Hintergrund bei schwierigen Verhandlungen.

Er ist CEO der »Akademie für Verhandlungsführung« und zeigt den Teilnehmern und Teilnehmerinnen seiner Seminare, wie sie ihre Verhandlungsinteressen konsequent durchsetzen und selbst schwierigste Verhandlungen zum Erfolg führen können.

www.drabdellatif.com

Literaturverzeichnis

Raymond Saner, Verhandlungstechnik, Haupt Verlag 1997

Matthias Schranner, Teure Fehler, Econ 2011

William L. Ury, Schwierige Verhandlungen, Heyne 1991

William L. Ury, Getting to Yes, Penguin Books 1987

Frederik Lanceley, Crisis Negotiaton, CRC Press 2003

Abraham Maslow, A Theory of Human Motivation, New York 2012

Matthias Pöhm: Schlagfertigkeit mit Spaß, Audio-CD, Pöhm Seminar-factory, 2004

Stichwort-
verzeichnis

Wie Sie andere dazu bringen, das zu tun, was Sie wollen

Immer wieder stoßen wir im Berufs-
leben auf den Widerstand anderer. Wir
sind auf unsere Kollegen, Kunden,
Partner und Freunde angewiesen, aber
gleichzeitig stellen sich diese oft auch
als die größten Hindernisse heraus,
wenn sie sich querstellen und selbst
vernünftige Argumente ignorieren. Kis-
hor Sridhar zeigt in diesem Buch, wie
man durch die Verhaltenspsychologie
beziehungsweise mit den Erkenntnis-
sen der Behavioral Economics spie-
lend leicht andere dazu bringt, das zu
tun, was man will. Anhand klarer und
überraschend einfacher Methoden so-
wie konkreter Praxisbeispiele belegt er,
wie man die schwierigsten Kandidaten
dazu bewegt, aus eigener Überzeugung
fremde Pläne umzusetzen.

240 Seiten
Broschur
17,99 € (D) | 18,50 € (A)
ISBN 978-3-86881-553-5

www.redline-verlag.de

REDLINE | VERLAG